接班人計劃

范博宏 Joseph P.H. Fan
莫頓・班奈德森 Morten Bennedsen——著

THE FAMILY BUSINESS MAP

ASSETS AND ROADBLOCKS IN LONG TERM PLANNING

目錄

第五章　所有權結構設計／153

第六章　傳承／199

第七章 退出／245

第八章 家族企業規劃圖的延伸應用／281

後記／313

案例清單／315

前言

家族企業是全球主流的商業模式。多年來，我與莫頓・班奈德森一直分別在研究歐洲、北美、非洲和亞洲的家族企業，從事相關教學工作，並採訪它們的負責人。十年前，我們倆第一次碰巧在亞洲和歐洲的交界城市——伊斯坦堡相遇。自那以後，我們就開始互相分享各自的研究和發現。我們在分享的過程中逐漸意識到東西方國家的家族企業有許多共同點。由於它們面臨著相似的機遇與挑戰，所以有很多地方可以相互借鑒和學習。

在研究過程中，我們一直驚詫於家族企業的普遍性以及它們經歷的相似性，同時也驚歎竟然有那麼多方法可以解決它們的問題。一百多年來，歐洲一些老牌的家族企業一直在努力讓家族和企業攜手並進。在中國，私營企業的平均年齡還不到二十年，而一些印度家族卻控制著世界上最大的幾個企業集團，而且它們都已經開始準備把家族財產傳承給第二代或第三代。

在對全球各地區企業負責人、家族以及其繼承人的多年授課之後，我們覺得家族和他們企業的長遠規劃應從全球視角出發。通過親自和他們交談之後，我們意識到家族企業所在的行業大都是經驗導向型的，而且這個領域的知識很零碎。為此我們決定寫一本專門探討家族企業的書，內容涉及家族企業所面臨的機遇、挑戰和可持續性等。

我們的使命是基於在歷經為世界各地家族企業提供諮詢服務後所累積的經驗為大家整理出提供一個長遠規劃的框架，所以在書中我們融入了案例分析以及研究見解，旨在為企業中的家族提供一個藍圖，利用它們的共同點將其聯繫起來，同時強調根據具體的文化和商業環境實行戰略和治理的必要性。

家庭是人類社會最基本的社會和經濟單位。從狩獵到集體的農業生產、從工業革命到現代社會，家庭組織的生產傳統始終貫穿著人類歷史。甚至在當今社會，家族企業的數量還是遠超過其他商業組織，而且它們為全世界多數國家的經濟產量和財富做出了巨大的貢獻。

但並不是每一個家族企業都可以持續經營。僅僅在企業創始人時期，讓一個複雜的企業保持成功和繁榮就是一個很大的挑戰。無論對外行還是學者，代際傳承很明顯絕非易事。我們對歐洲和亞洲家族企業的研究也有力地證明了「富不過三代」這一說法，因為我們發現大量家族企業在下一代接班時都不再興旺。在香港、臺灣和新加坡有上市的家族企業中，我們估計一半以上的企業價值會在繼承過程中蒸發。

在歐洲，嬰兒潮出生的那一代人已經到了退休的年紀，所以在未來十年，將有成千上萬的中小型家族企業將會傳承給下一代。在中國，私營企業始於二十世紀八〇年代，現在大部分創始人也已經五十多歲了。他們之中很多人創辦的企業規模都很大，雇用的員工人數也很可觀。再過十年，他們可能也得考慮退休問題了。而且，他們是積累私有財富的第一代人，先前沒有任何傳承經驗可以借鑒。在印度，許多家族企業都在第二代的手裡，他們都覺得基於文化價值觀和複雜的家族結構設計傳承模式是個很大的挑戰。在中東，許多人從二十世紀七〇年代起積累了大量石油財富，現在這些在第一代和第二代手中的家族企業也面臨傳承問題。而在許多非洲國家，由於缺乏對企業和家族的長遠規劃，許多企業的發展都面臨災難性的後果。

鑒於這麼多企業即將面臨傳承的難題，本書的目的就在於改善家族企業的長遠規劃並幫助他們迎接代代傳承過程中的挑戰。我們堅信，只有同步從錯誤和成功中學習才能取得進步。我們希望所有關心家族企業可持續性的人都能接受我們分享的研究成果和提供的實用規劃工具。

為什麼讀這本書？

這本書的內容基於我們這幾年來所教授的課程以及進行的研究。我們將為家族企業提供一個獨特的規劃框架和新穎的規劃工具，這個框架和工具已被全球每個大洲成百上千的家族企業成功運用。這本書的獨特之處在於它不僅僅是基於西方經驗，還運用了全球性的比較方法，對世界各地的家族企業進行了深入研究，其中包括非洲、美洲、亞洲、歐洲和拉丁美洲。我們提供的方法和工具都可以通用。雖然每個家族企業都獨一無二且所處的文化背景不同，但他們之間有很多共同點。我們的框架和建議都是建立在大型研究的基礎之上。在過去的二十年間，其中許多研究成果都已在一些主要期刊上發表。我們所採用的大型樣本也可以確保我們的案例和實例真正代表了大部分的家族企業，因此也是一個可靠的資訊來源。

如果某個企業負責人或家族正在尋求規劃靈感，我們所提供的規劃框架和案例將對他們非常有用。除了他們，一些與家族企業有關的職業人員也會受益，如家族企業經理人、顧問、諮詢師、私人理財經理、投資銀行家以及家族和企業律師。

創作這本書是一個奇妙的旅程，我們在這個過程中遇見了許多人，也得到了他們的熱心幫助。我們特別感謝在過去的十五年間與我們一起研究相關課題的作者和同事。為了讓這本書更便於閱讀，我們沒在文中提到他們的名字，而是用「我們」來講述所引的內容。相同地，在討論其他研究人員的著作時，我們也沒有採用夾註。在每章的「延伸閱讀」部分，我們列出了相關的案例和一些學者的研究，其中包括Mario Amore，Pramuan Bunkanwanicha，Deborah Cadbury，Yann Cornil，Robert J. Crawford，Ray Fisman，Rolf Hoefer，Sterling Huang，Ming Jian，Li Jin，Winnie Leung，Vikas Mehrota，Kasper Meisner Nielsen，Margarita Tsoutsoura，Yinhua Yeh，Hannes Wagner，Daniel Wolfenzon，Francisco Perez Gonzales，Yupana Wiwattanakantang和Stefan Zeume。

我們要感謝許多范博宏中國企業案例的合作者：顧亦葦、黃俊、錢夢吟、T J 張天健、周冠年，是他們幫助我們克服了文化和語言障礙，讓中國和世界緊密聯繫在一起。我們還要感謝下列專家和朋友在本書寫作期間的大力支持與建議，其中包括：Nathalie Bogacz、John Chan、Philip Chan、陳淩教授、Carolyn Chou、後藤俊夫教授、Carole Guillard、Julia Hieber、Roger King、Philip Koh、Xinchun Li、Christian Stewart和Joachim Schwass。

在過去十年，我們也接觸到了許多企業負責人和家族，他們的生活和故事深深地鼓舞了我們。其中我們想感謝安德列・霍夫曼（André Hoffmann）、普裡西拉・穆斯特（Priscilla de Moustier）（文德爾）、曹慰德（萬邦集團）、何享健（美的集團）、王琳達（怡海集團）、王均豪（均瑤集團）、茅理翔（方太集團）、杜克榮（天津鑫茂科技投資集團）、羅榮岳（阿瘦實業股份有限公司）、簡靜慧（洪建全基金會）、施振榮（宏基集團）、李惠民（李錦記集團）、施文遠（香港雅蘭集團）、周曉光與虞江波（新光集團）、陳德木（杰牌控股集團有限公司）、李積回（陽江十八子集團）、克利斯蒂安・布羅森（Christian Brorsen）與蒂姆・布羅森（Tim Brorsen）（沃爾丁堡木料廠）、鮑勃・迪凱堡（Bob de Koyper）與馬克・迪凱堡（Mark de Koyper）（迪凱堡皇家酒廠），安東尼奧・蒙吉諾（Antonio Monzini）與法蘭西斯科・蒙吉諾（Francisco Monzini），法師善五郎夫婦、霍丁格家族（the Hottinger family）、漢諾基協會秘書長傑拉爾・利波維奇（Gérard Lipovitch）、傑倫・亨克（Jeroen van Eeghen）與威廉・亨克（Willem van Eeghen）（亨克集團）、珍・席琳（Jean Thiercelin）（Thiercelin）、盧克・達鵬（Luc Darbonne）與查理斯・達鵬（Charles Darbonne）（德黑加爾公司）、伊娃・費舍爾・漢森（Eva Fischer Hansen）

與邁克爾・斯達(Michael Staal)(貝娜塔出口公司)和馬里奧・佩里諾(Confetti Pelino)。

此外我們還要特別感謝歐洲工商管理學院的海澤爾・哈梅林(Hazel Hamelin),是他編輯的原稿,本書的順利完成離不開他的付出。感謝我們的出版商,尤其是賈絲明・蒂梅爾(Jasmine Taymer)非常耐心地等待這本書完成。感謝香港中文大學和歐洲商學院的MBA、EMBA和博士研究生,是他們閱讀了早期的草稿,提供了很多建議、故事還有回饋,本書的內容因此而充實。

我們還要感謝香港中文大學經濟及金融研究所,以及歐洲工商管理學院的文德爾國際家族企業中心,感謝它們對這個課題的大力支持。特別感謝香港中文大學經濟及金融研究所的劉美嬌兢兢業業地管理我們的團隊並協調本書出版的工作。感謝下面幾位已經畢業的博士研究生,是他們閱讀並檢查了原稿,其中包括:董雅姝,Sammy Fung,賴淑芳,李思飛,Xin Liu,劉洋,余欣,張茹和鄭穎。感謝謝丹妮,張彤和羅西崑的鼎力協助,是他們提供了本書的許多細節,尤其是圖表說明。

莫頓謹將此書獻給他妻子柏絲(Birthe)和他的子女西格莉德(Sigrid)、阿斯拉克(Aslak)和阿斯特麗德(Astrid)。由於長時間的差旅與寫作,他錯過了大量享受天倫之樂的時光,因此他期待著對他的家人有所彌補。

范博宏謹將此書獻給他鍾愛的妻子倍瑜,感謝她在他們結婚二十五年來對他的研究生涯的支持,以及他們的一對兒女,是他們貼心的支持才使他有可能完成這本書。

莫頓・班奈德森&范博宏

第一章 總論

家族企業是世界上數量最多的企業類型。它們的特點、機遇和面臨的挑戰是本書探討的重點。除此之外，本書還解釋了家族企業所有者與家族應如何制定經營策略以充分把握這些機遇，如何制定治理策略以應對這些挑戰。對此，本章首次提出了「家族企業規劃圖」（Family Business Map，簡稱「家族規劃圖」），這對企業家族來說是戰略決策過程中一個有力的分析工具。

讓我們以兩個家族的故事開始吧：穆裡耶茲（the Mulliez）和王永慶家族。這兩個例子清楚地展現身處不同社會、著手不同行業的家族是怎樣應對類似的挑戰。故事中的一個發生在法國北部，另一個則在臺灣。一個從一百年前開始，故事角色已跨越四代人；另一個故事裡成功的創始人則在二〇〇八年剛去世。這兩個故事揭曉了在行業、文化和地域差別之外，成功的企業家是如何將家族的獨特貢獻與企業戰略融為一體，並怎樣通過制度消弭家族所有制的不足之處。此外，這兩個故事也讓我們對家族規劃圖有一個深刻的理解，以便我們在書中運用這個框架分析其他家族和經營問題。

穆裡耶茲家族

穆裡耶茲家族是法國家族企業中的傑出代表。

該家族不僅創辦了世界上最大的零售企業之一，還開創了一套獨特的家族風險投資模式，成功地讓企業家精神在四代成員的血液中流淌。路易士・穆裡耶茲（Louis Mulliez）在一九〇〇年白手起家，成立了一家名叫菲爾達的小紡織廠。當路易士的二兒子吉拉德・穆裡耶茲（Gerard Mulliez）於一九四六年加入公司零售部時，菲爾達品牌已憑藉織料和縫紉的水準而聞名遐邇。此時公司開始通過設立特許加盟店的方法拓展銷售網，第一家加盟店於一九五六年開張。到二十世紀末，菲爾達已經成為世界頂尖的紡織品銷售商，在各地擁有一千五百家門店。

吉拉德・穆裡耶茲正是在菲爾達積累了零售業的經驗。吉拉德・穆裡耶茲未完成高中學業，全靠自學成才。一九六一年，年僅二十九歲的他決定自立門戶，在魯貝市（Roubaix）開了一家雜貨店——這就是零售帝國歐尚（Auchan）的雛形。

吉拉德的第一家店以倒閉告終。雖然如此，穆裡耶茲家族很願意再給吉拉德一次機會，不過這次要求他在法國北部開一家超市，且必須在三年內成功。在愛德華・勒克雷爾（Edouard Leclerc，以前是一位教士，後來成為E.Lecler零售集團的創始人）的啟發下，虔誠的天主教徒吉拉德這次採用了折價加自主服務的經營模式，並一舉成功。僅第一年，歐尚就獲得了一千萬歐元的收入和可觀的利潤。不到三十年，歐尚就成長為法國頂尖的零售商，並成為一家跨國公司。如今，歐尚已在十二個國家開展業務並擁有十七萬五千名員工。

吉拉德・穆裡耶茲的族人們在創立其他零售公司時也取得了驚人的成就，如體育用品零售商迪卡儂（Decathlon）、餐飲服務商Flunch和Pizza Pai、建材零售企業Leroy Merlin、家用電器零售商Boulanger等。如今，穆裡耶茲家族擁有的企業雇用高達三六．六萬人，年銷售額超過六百六十億歐元。

家族的第一代，路易士．穆裡耶茲有十個兄弟姐妹，而他本人還有十一個孩子。其長子小路易士（Louis Jr）更加「多產」，生了十三個孩子。在其他子女中，伊格納茨（Ignace）和珍妮（Jeanne）各生了七個，而吉拉德生了六個。到二〇一一年，穆裡耶茲家族共有七百八十位成員，其中五百五十人屬於穆裡耶茲家族聯合會（the Association Famille Mulliez, AFM）。

所有穆裡耶茲成員都需要向家族證明他們的價值。在創立新企業或加入CIMOVAM（穆裡耶茲家族控股公司）下屬任何一家企業前，他們都需要接受嚴格的培訓。培訓從二十二歲開始，由安東尼．馬約（Antonine Mayaoud，老路易士．穆裡耶茲的孫子，綽號「人力資源先生」）主導。這項培訓也是穆裡耶茲家族的獨特之處之一：相對於頂級商學院，他們更傾向於家族內部的督導。在通過培訓並經穆裡耶茲家族聯合會的委員會批准之後，家族成員獲准進入AFM，並獲取他們在CIMOVAM中的股份。也只有在此之後，他們才可以為自己的專案尋求家族財務和智力資源的支持。

家族還設立了一個名為CREADEV的私募基金來支持家族成員的創新行為。由於穆裡耶茲家族鄙視投機和股票市場，家族的企業一般都通過內部融資解決財務問題。吉拉德的一個兄弟，安德魯．穆裡耶茲（André Mulliez），曾稱股票投機為「公司賣淫」。另一方面，家族認為金錢應該用於生產再投資，因此在家族歷史上，企業的分紅水準一直很低。

百年來，穆裡耶茲家族為其旗下企業的發展做出了獨一無二的貢獻：首先，穆裡耶茲家族將自己秉承的價值觀融入到企業經營之中。家族信條「百萬一心」反映了諸如團結、繼承家族傳統、對後代負責等核心信念。作為一個天主教家庭，家族的觀念也源自天主教，諸如貪利不可取，應靠自己的勞動生活；財富來自勤奮工作，由此帶來的不平等也是自然法則等等。這些觀念衍生了一套非常嚴格的工作紀律和精英主義的價值觀。第二，家族系統地在新一代家族成員中培養和發展企業家精神，也正是這一舉措使得家族能不斷創立新公司和新銷售鏈。第三，百年成功商業經營帶來的經驗和聲望使得家族成為一個極其強大的平臺，不管是對發展現有企業還是對創立新企業而言都是如此。最後，龐大的家族規模提供了豐富的人才庫。相比而言，規模較小的家族往往缺乏既有興趣又有能力的家族繼承人。

這一切令人驚歎：家族成為企業戰略的基石；家族資產藉由種種治理機制，如對新一代成員進行內部的企業家培訓、族內私募基金等不斷轉化和增長；家族信條「百萬一心」通過家族成員共有同一套資產組合來貫徹，即便不同成員分管著企業集團的不同部分。

然而，在代際交遞中，穆裡耶茲家族也面臨著一系列的障礙。最大的問題來自於家族規模擴張過快。如何團結近八百名家族成員，使他們為家族利益奮鬥是個很大的挑戰。其他問題包括：如何維持家族財富的平衡，既要不斷投資於新事業，又要發放足夠的紅利，使得不斷增長的家庭成員都能維持體面的生活；如何為家族內最具天賦的企業家提供足夠的激勵，又不至於犧牲其他成員的利益；如何吸引新一代的家族成員，使他們為了穆裡耶茲家族的利益而從商。

為了解決這些問題，穆裡耶茲家族設計了一個獨特的家族管理機構——穆裡耶茲家族聯合會（AFM）。AFM最重要的任務之一，是確保家族成員將家族利益放在個人私欲之前。

第一，AFM委員會在旗下各獨立公司董事會均有代表。第二，作為一項原則，家族成員持有控股公司股票而非具體公司股票，每份CIMOVAM公司的股票都代表對所有家族企業股票的持有。這樣，每個成員的利益就能和家族牢牢綁在一起。此外，有些家族成員的公司雖然短期內業績平平，卻也不致被隔離在家族福利之外。

穆裡耶茲家族的成功表明，家族可以通過一套合理的治理體系將家族和家族企業牢牢捆綁在一起，使家族貢獻成為家族企業戰略的核心，並在彼此間實現資源互補，共存共榮。我們在下一個案例中也可以發現這一點。

台塑集團

王永慶是白手起家的典型。他生於一九一七年，是臺灣北部一個貧苦茶農之子。雖然他很好學，但小學畢業後，他就不得不去一家米店做學徒，時年十五歲。

一年後，靠自己的積累和父親從親朋好友處募來的二百元台幣，王永慶開了自己的米店。為了擴大他的生意，王永慶每天比他的同行多營業四個小時，最後終於成為當地生意最好的米店。二戰期間，米店被迫關門，王永慶轉向了木材生意。一九五四年，王永慶和他的弟弟王永在創辦了台塑集團——一個新時代從此拉開序幕。

一開始，台塑集團可謂是世上最小的聚氯乙烯（PVC）工廠。兩年後，台塑開始向下游發展，並建立了南亞塑膠工廠。經過五十年的發展與擴張，台塑集團在中國、美國、越南、菲律賓和印尼都成立了工廠，雇用人數超過九萬人，並且是臺灣地區最大的私營企業。

王永慶和他的弟弟對台塑的發展貢獻無可替代。在臺灣，王永慶有「經營之神」的稱號，並且是人民偶像。他將一生都奉獻經營中，直到九十二歲去世為止。王永慶原則性極強，工作極其刻苦，對成本錙銖必較，並親手規劃工作的每一個細節，他的格言就是「追根究底」。王氏兄弟將這種精神和價值觀傳遞給了下一代，他們的多名後代也因此成為成功的企業家。

王氏家族擴張很快。王永慶本人有三個妻子，共生下兩男七女，另外還有三個私生子。他的弟弟有八個孩子，因此家族的第二代有二十人，他們有些為自家公司工作，有些則自立門戶。

王永慶花了三十年的時間來籌畫企業傳承，他需要面對的不僅是複雜的家庭帶來的人際衝突，還有高達五〇％的遺產稅。如何讓企業帝國永續經營是他考量的重中之重。最後，他設計了一個複雜的所有權結構，讓所有權和管理結構集中統一，這使得整個企業集團可以持續經營，不致分崩離析。

整個集團擁有十家上市公司，其中包括四家核心公司：台塑公司、南亞塑膠工業股份公司、台塑化學纖維股份有限公司以及台塑石化公司。這四家公司彼此交叉持股，並以此為核心，通過金字塔形控股結構，控制了更大的企業集團。與很多家族企業不同，台塑集團的最終控制權不是在家族手中，而是留給了一家慈善機構：長庚紀念醫院。長庚紀念醫院於一九七六年成立，以紀念王永慶的父親王長庚。留給長庚醫院的股票是不可轉讓的，帶來的分紅也只可用於慈善而不可分配給任何個人。根據法律規定，醫院由董事會管理，成員包括五名家族成員，五名社會賢達（大部分和王氏家族關係緊密）和五名專業人士（醫院工作人員）。

王永慶沒有將管理權交給他的任何一個孩子。相反，在二〇〇六年，創業兩兄弟將管理權移交給了一個七人戰略委員會（二〇〇二年成立），委員會包括王永在的兩個兒子，王永慶的兩個女兒和三名職業經理人。王永慶去世時未立遺囑，這讓人們非常困惑：沒有遺囑的情況下，對遺產的爭奪不僅對家族和諧還是公司經營都會帶來嚴重障礙。王永慶生前擁有約五十五億美元的財富，在去世時排名世界第一百七十八，是臺灣第二的富豪。他的遺產稅率高達五〇%。稅後剩下的財產會在他尚在人世的兩個妻子、九個婚生子女和三個私生子之間爭奪。根據臺灣相關規定，如果王永慶的第二和第三任妻子有證據證明他們的婚姻合法（結婚時有公開的婚禮儀式並有至少兩位證人在場），她們就享有和第一任妻子相同的繼承權，並可以得到同等份額的遺產。除了九個婚生子女外，他的三個私生子如果可以證明他們與王永慶的直系血統，也可以被認為是血親。王永慶或許知道，無論他留下怎樣的遺囑，複雜的家庭結構終究會帶來一場紛爭。

在他死後公佈的一封寫給子女的信裡，他說：「財富……並非與生俱來，同時也不是任何人可以隨身帶走。……生命終結，辭別人世之時，這些財富將全數歸還社會，無人可以例外……」

很顯然，在全力保證公司的持續經營後，王永慶選擇了將其餘財產分割問題留給法院。

經驗與教訓

穆裡耶茲家族和王永慶家族的故事表明了創立者和他的家族是怎樣才成為家族企業競爭力的核心。穆裡耶茲家族將「嚴格的自律」和「對精英主義的不斷追求」這兩大特點，從家族滲透到企業。對家族成員的嚴格內部培訓使得企業家精神和對英法乃至世界零售行業的知識沉澱一起代代相傳，為世界上所有勤奮的家族都提供了榜樣。

儘管文化、地域、行業各不相同，但王氏兄弟和穆裡耶茲家族有很多共同之處。王氏家族通過言傳身教，將對成功和創業的渴望留給了下一代。年輕時王氏兄弟並沒有機會接受很好的教育，但他們鼓勵自己的孩子們前往最優秀的學校受教，並開創自己的事業。但是，脆弱的家庭關係是王氏家族的一個弱點，與穆裡耶茲家族不同，王永慶放棄了對家族治理和家族財富的控制，而著重於公司存續和社會責任上。

如何使得日趨龐大的家族同心同德，共同為家族的事業奮鬥，則是兩個家族都遇到的難題。兩個家族各自發展出了一套獨特的家族治理結構來解決企業所有權和控制權因家族開枝散葉而分散的問題。在二十世紀五〇年代，穆裡耶茲家族制定了家族協定，除了訂立家規外，還設立了家族聯合會、家族控股公司和家族投資基金，這一系列軟硬體構成了家族治理的框架。事實證明，這一框架運作頗為有效：至今家族整體沒有分崩離析，創業精神代代流傳，家族事業將來發展擴張所需的財力也得以保證。

王永慶的辦法則更具獨創性。他設立了一家醫院，並把台塑集團的所有權注入醫院的慈善基金會裡。這樣的做法不僅可以豁免稅收，更是回報社會的一種方式。考慮到家族結構的複雜，慈善基金會能集中並有效保護家族對企業的控制——在可預期的未來，醫院不可以出售台塑集團的股票。今日，沒有一個家族成員持有支配性數量的股份，也不可能在醫院董事會點頭之前進入台塑的核心管理層。王永慶相信，這樣的安排將使族內紛爭不至於影響到企業發展。因為時間太短，我們尚不知道這一模式能否如他所願。家族的分歧是否真能隔離於醫院董事會外？醫療專家和社會賢達是否能監管好大型企業集團？一切還有待時間來檢驗。

家族規劃圖

穆裡耶茲家族和王氏家族的故事突出了本書中要探討的幾個問題：

- 家族特殊資產對企業的特殊貢獻有哪些？
- 家族成員如何基於其獨特的貢獻制定商業策略，使家族公司能在競爭激烈的環境中成功？
- 家族企業會遇到哪些路障？
- 家族成員如何制定治理策略來減輕克服這些路障所需的企業（和家族）成本？

本書其他家族的經歷對這些問題給出了不同的答案，因為每一個家族公司都不盡相同。日本豐田（Toyoda）和美國福特（Ford）家族成員重回公司高層的舉動讓我們思考：家族成員如何為企業做貢獻，做出了什麼貢獻？家族管理人員與外部職業經理人有何區別？

印度瑞萊斯（Relience）集團兄弟鬩牆、澳門何鴻燊家族同室操戈、美國普里茲克（Pritzker）家族則族內混戰。這些教訓指出了家族傳承和治理方面的挑戰，而能成功應對這一挑戰的家族則能避免企業衰退、家族瓦解的噩運。路易威登（LVMH）在歐洲收購了許多老牌奢侈品家族，企業對奢侈品行業標杆愛馬仕（Hermès）的爭奪尤為矚目。這一現象突出了所有權結構設計的重要性，因為合理的設計可以平衡家族控制和企業發展。英國著名巧克力企業王國吉百利（Cadbury）作為家族企業的歷史已有一百八十多年，美國食品企業卡夫（Kraft）卻不顧各界爭議惡意收購吉百利，這一事件值得我們深思：家族企業如何在上市後保護自身？諸如對沖基金這樣的機構投資者在為家族企業設計可持續的所有權結構時，該扮演怎樣的角色？

在本書中，我們旨在弄清家族成員的獨特貢獻（即家族特殊資產）和特殊侷限（即路障），並將此與企業經營和治理策略匹配，以在不犧牲家族利益或損壞企業價值的前提下充分利用家族的創業經歷，從而幫助家族管理人員和其他利益相關者回答上述問題。

家族特殊資產

成功的家族已經發現了利用家族特殊資產（如強烈的價值觀）制定商業策略的秘密。家族特殊資產可能是像王永慶所擁有的那種價值觀和遠見，也可能是像穆裡耶茲那樣將家族核心價值代代相傳的能力。

Forever21是由一個韓國家族在洛杉磯創辦的國際時尚品牌，目標人群是年輕女性。在洛杉磯，韓裔把持了廉價服裝行業，而Forever21則充分利用了這一點，發掘韓式的文化、工作倫理和人脈，並依此大獲成功。幾個世紀以來，中國的海外家族企業也展示了其利用一套價值觀在不同商業文化中的遊刃有餘。與外部經理人相比起來，父母在子女童年與成年早期對其灌輸家庭價值觀要容易得多，這就是為何家族企業在制定基於價值觀的策略上更有優勢。

政界和商業人脈是另一個強大的家族特殊資產，因為人脈在家族內部維持容易，而傳給不相干的經理人卻較困難。在經久不衰的企業中，家族傳統也是一個資本，如最近豐田章男（Akio Toyoda）升任豐田社長而成功應對危機，金融市場對此也回應熱烈。家族傳統的效應從另一個角度也顯而易見：塞勒斯・密斯特裡（Cyrus Mistry）取代德高望重的拉丹・塔塔（Ratan Tata）成為擁有一百四十四年歷史的印度大企業集團塔塔（Tata）的第一個非家族成員CEO，但繼任者的勝任能力問題卻引發了公眾的廣泛關注。

第二章將會詳細探討為何家族特殊資產是家族可以長期為繼的最重要原因。倘若家族成員能參與日常經營並親自撥打重要電話，人脈開發就相對容易，正如倘若他們能積極管理企業，將家族核心價值融入商業策略就相對容易。由於每個家族都有一套自己的資本，所以如果現有和未來成員想繼續經營家族企業，家族成員弄清、維持並發展這些資本就顯得尤為重要。

路障

我們在上文已經看到了穆裡耶茲家族和王氏家族遇到的一些障礙。王氏家族僅第二代就有二十個子女，而穆裡耶茲家族在一百年間竟壯大至擁有七百八十位繼承人。我們將這個在全球企業家族中都很普遍的現象稱為「群眾的力量」。隨著家族的壯大，企業所有權會由於反覆的分家和股權分配而被稀釋，這就會帶來一系列的挑戰，比如如何在股東眾多的企業中確保有效治理；當家族成員間身價各異時如何維持家庭和睦；如何處理企業中管理權限不一的家族股東之間的衝突；面對家庭成員利益分歧，如何制定紅利政策；以及如何設計所有權以適當激勵主動參與者，並允許被動成員退出。只有那些制定了合理的相關機制來克服這些挑戰的公司才會持久。

當家族追求擴張時往往需要以債務或股權的形式募資，這時企業就會陷入「發展困境」，因為這也提高了家族失去管理權的風險。為此，企業需要設計一個資本結構來平衡增長和控制的需要。另一個問題是上市與否，以使一部分股權可以公開交易。

有些路障來自於外部環境，比如那種有諸子均分傾向的繼承法，因為分散的股權會影響企業的長遠穩定。我們看到外部環境（遺產稅）對王永慶的接班造成了很大的影響，而「獨生子女」政策則對全中國的家族企業傳承都帶來了障礙。如今的大部分中國企業家都只有一個家族繼承人來接他們的班，而且這個繼承人是否有能力和意願接管企業還是個問題。

我們將在第三章中看到，確定路障並制定一個家族和企業治理系統來削弱路障的影響對所有權保護至關重要。如果路障很多，所有權就有被稀釋的危險。要使企業可持續發展，家族就要利用相關機制維持對關鍵資產的所有權。穆裡耶茲家族通過內部培訓幫助初露頭角的企業家進行嚴格的職業準備，並實行一套獨特的所有權結構。王永慶利用特殊的所有權設計——將所有權轉移給一個慈善基金並任命社會賢達和醫院專業人士管理，成功應對了複雜又衝突頻發的家庭結構帶

圖1.1 家族規劃圖

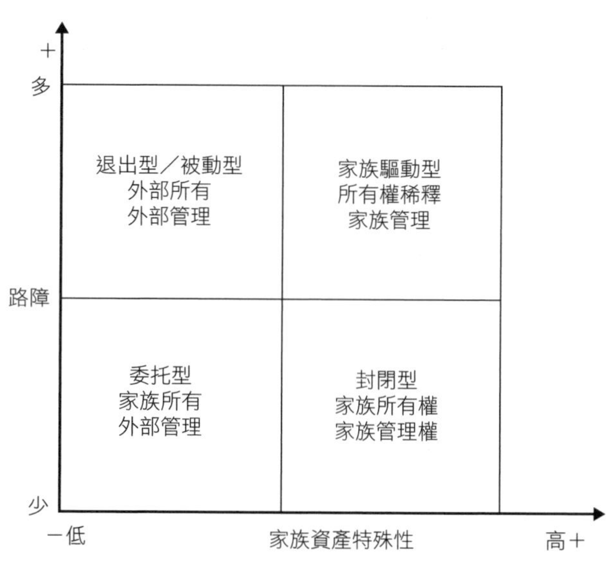

來的挑戰。

在家族規劃圖中的企業定位

家族特殊資產和路障是我們所謂「家族規劃圖」（圖1.1）的主要成分。家族特殊資產的重要性是家族人員參與程度的關鍵，而路障的嚴重程度是所有權結構的關鍵。將一個企業置於家族規劃圖的兩個軸之後，我們就如何在家族內部和外部人員之間分配所有權和管理責任得出了不同的結論。

圖1.1中右下象限所指的是「封閉型」公司，代表著那些擁有顯著家族資產並面臨少數路障的家族公司。其中家族特殊資產在家族的管理貢獻中體現，這些貢獻主要依靠日常運營公司的核心家族成員。無論在財務或其他方面，將所有權侷限在家族手中都不會

限制公司的發展。所以我們建議那些高層家族成員繼續擔任總經理或企業所有人。在一個典型的封閉型公司中，家族會充分利用其特殊資產來發展公司，同時也會竭盡全力規避所有權問題潛在的侷限。

這類封閉型公司比比皆是。科氏工業集團（Koch Industries）就是一個典型。費列德・查理斯・科赫（Fred C. Koch）於一九四〇年創辦了科氏工業集團，後來其兄弟查理斯・迦納爾・科赫（Charles de Ganahl Koch，總裁）和大衛・科赫（David H. Koch，執行副總裁）買下集團的股權，如今他倆掌握著八四%的集團股份。二〇一二年，科氏工業集團的營業收入達一千一百二十億美元，全球員工人數達七萬人。歐洲最大的折扣食品零售商之一阿爾迪（Aldi, Albrecht Discounts的縮寫）也是個封閉型公司。該公司由阿爾布萊希特（Albrecht）兄弟泰歐（Theo）和卡爾（Karl）兩人創辦，現在全球有六千一百家連鎖店。一九六〇年兄弟倆因是否銷售香煙爭吵後，阿爾迪被分為南店和北店經營。自從一九七一年泰歐被綁架長達十七天之後，阿爾布萊希特家族就變得很低調。如今，九十三歲的卡爾還是阿爾迪南店的所有人兼管理者。二〇一〇年泰歐辭世，其子貝特霍爾德（Berthold）和小泰歐（Theo Jr.）接手了阿爾迪北店。二〇一二年貝特霍爾德去世，該公司的所有權開始向家族第三代傳承。

與封閉型公司相反的是圖1.1中左上象限的「退出型／被動型」公司。在這類公司中，相對外部經理人，家族對公司價值的提升不大，而且公司所有權面臨不可逾越的障礙。在這些公司中，家族成員都有退出經營的強烈動機。退出可能意味著切斷所有關係，完全變賣家族公司，但是如果該家族不參與經營，由少數被動的家庭成員持有公司股權，這個過程可能比較緩慢。很多大型美國公司都是如此，家族逐漸退出經營，同時非家族成員的經理人被扶上馬，家族所有權也因此被稀釋至一個象徵性的水準。在這些公司中，家族特殊資產在家族第一代或第二代後就變得不那麼重要，而非家族經理人則逐漸上任。在這類公司中，多數會發展成大型公司，但這需要龐大的外部資金來支援其擴張。久而久之，創始家族只能擁有非控制性的少數股權。

圖1.1中左下象限指的是「委託型」家族公司。家族在這類公司創造很少的管理價值，但是不會面臨威脅其所有權的重大路障。這種情況下是否需要管理職業化（即從外部聘請高管）有待商權，但是家族不必急著將所有權拱手讓人。

瑞典宜家家居公司（IKEA）就是「委託型」公司的一個典型。其創辦者英格瓦爾・卡姆普拉德（Ingmar Kampvad）領導公司近四十年，將成本—價值導向融入公司血液，但下一代並沒有很好地繼承這一價值觀。他退休後家族沒有能力領導宜家，所以只能退出高層管理。然而，家族所有權並沒有對公司擴張或融資造成明顯約束，而是被保留下來，這多虧了一系列的信託和控股公司。

在很多歐洲家族企業中，家族仍然能通過所有權控制公司，但是不會參與日常經營，並傾向於雇用外部CEO代為經營公司。荷蘭啤酒品牌海尼根（Heineken）就是一個例子。它由傑拉德・阿德里安・海尼根（Gerard Adriaan Heineken）於一八六四年在阿姆斯特丹創立。（二〇〇七年，海尼根在七十多個國家擁有超過一百二十五家釀酒廠，雇用了近六萬六千名員工。）二〇〇二年，當萬人敬仰的家族和公司掌門人弗雷德・海尼根去世時，外部經理人接管了高層，但是其女夏琳・德卡瓦略・海尼根（Charlene de Carvalho）仍是最大股東。

圖1.1中最後一個象限，也就是右上象限代表的是「家族驅動型」公司，這類家族自創辦初始就一直在提升管理價值，但是由於公司的發展，所有權已被稀釋。這就解釋了為什麼有的家族還參與管理，但僅擁有少數股權。這類公司很典型的一個做法就是以上市為其宏偉的發展計畫融資。三星電子就是其中之一。一九三八年，李秉哲創辦了三星貿易公司，自此公司逐漸發展成為韓國最大的跨國企業集團。他的後代總共持有三星二一%左右的股權。他的三兒子李健熙是三星現任的董事長。

有時家族企業會壯大極快，從而與其他投資者的股權比起來，家族所有權縮小。鈴木和佳能就是典型。這兩個大企業的家族都在高層身居要職卻不位於最大股東之列。幾乎六分之一的日本上市公司都是如此：家族管理著公司，但他們卻不是最大的老闆。

作為規劃工具的家族規劃圖

「家族規劃圖」是一個很有用的工具，它可以幫助家族設計企業的所有權和管理權結構，並制定相關策略以充分利用其特殊資產、減少路障。家族一旦確定了特殊資產和路障，就可以根據企業特點設計所有權／管理權結構。「家族規劃圖」可以回答如下基本問題：

- 家族與外部所有者之間、家族成員之間的所有權結構是否恰當？
- 現有的所有權結構能否維持家族特殊資產？現有的所有權結構能否降低克服路障的成本？
- 創始人退休後，家族應採用何種繼承模式來支撐企業的未來？

每個企業家族存續期間都會面臨這些問題，特別是繼承問題，這對許多家族企業來說都是一個挑戰，往往也是苦惱的來源，尤其在新興國家。我們在研究中發現，香港和臺灣以及新加坡的許多上市家族企業在傳承期間損失了一半以上的市場價值。

「家族規劃圖」可以在傳遞家族特殊資產和減少路障方面幫助企業家族重新應對挑戰。它考慮到了所有可能的繼承模式，比如任由所有權稀釋、調整所有權結構、設立家族信託和基金、部分或全盤退出企業管理等。在這些模式中，機遇與侷限並存，取決於特定的家族資產和路障。

此外，「家族規劃圖」還可以通過確定正確的所有權和管理權設計模式，指出家族企業面臨的關鍵治理問題。在一個封閉型企業，這些問題包括如何傳遞有利的家族特殊資產、如何應對未來路障等。比如，企業創始人去世之後如何維持家族成員和其他利益相關者之間的和諧關係？當家族逐漸壯大，越來越複雜時，如何避免利益分歧？

在所有權分散的企業中，如大型的美國上市公司，創始家族已不再負責管理，所以企業治理主要集中在管理層激勵和職責分配上：即怎樣才能聘請到最好的經理人？如何酬報經理人以確保他們所做的決策有利於企業股東？如何設計董事會的結構才能對企業和股東負責？

如果像許多大型歐洲家族企業那樣，家族保有所有權但是雇用外部經理人管理，問題的關鍵就是：如何回避路障？如何在不稀釋家族所有權的前提下為企業擴張和發展提供資金支持？如何聘請並監督最好的經理人？如何區分家族所有者和外部經理人的角色？

最後，當家族管理權在握但所有權被稀釋時，關鍵治理問題就是如何利用家族特殊資產以及如何維持家族經理人和外部所有者之間的信任。

不同類型的家族企業

如何定義家族企業頗為困難。德國貴金屬及技術集團賀利氏（Heraus）已經被同一個家族擁有並管理了一百六十多年，所以沒有人會質疑它是一個家族企業。但是如果一個公司剛剛起步，但創始企業家打算二十年後將其變賣，那這種企業還是家族企業嗎？如果一個公司由創始人和私募股權基金共同擁有，這種企業是家族企業嗎？如果一個公司像日本鈴木那樣，家族不是最大的老闆但一直打理著公司種種事宜，這種企業該如何界定呢？為了給家族公司下一個確切的定義，我們主要考慮家族公司的三個特徵：家族所有權、家族管理權和家族繼承。

家族所有權

一個家族企業最基本的要素之一就是企業背後的家族擁有大比例的股權。對大部分中小型家族企業來說，這意味著一個或一小部分家族成員擁有整個公司或持有企業的過半數股權。在一些國家，過半數股權會隨著時間的推移和公司的壯大而減少為少數股權。在大型上市公司，如果家族是最大的所有者並持有大比例的股權（如超過一〇%），這類公司也是家族公司。和記黃埔（Hutchison Whampoa）是香港最大的上市公司之一，幾乎四四%的股份由長江實業集團（Cheung Kong Holding）持有，而李嘉誠家族持有長江實業三五%的股份。我們認為，和記黃埔和長江實業集團都是家族企業，因為李氏家族是兩個企業最大的股東。美國嘉吉公司（Cargill）是世界上最大的私有家族企業，在全球六大洲主營糧食、禽類、牛肉、鋼材、種子、鹽和其他商品。嘉吉家族擁有公司八五%的股份，其餘的一五%由一些核心員工持有，所以它也是一個家族企業。

家族管理權

通過在高層擔任要職或進入董事會，家族可以對公司進行管理。對中小型家族企業來說，持有過半數股權就可以實現對公司的管理。然而，多數大型股票上市或未上市企業背後的家族擁有超過其名義所有權的管理權。事實上，家族可以通過精心設計實現所有權和管理權分離，比如設計不同表決權的股份、構建金字塔股權結構或者股權由被動大股東所持有。

在美國報業的十二家最大公司中，有九家報紙實行雙層股票結構。通過保留優先表決權股份同時對投資者發行非表決權股票，這些企業的家族實行著有效的管理。以《紐約時報》為例：雖然奧克斯・蘇茲貝格（Ochs Sulzberger）家族僅持有已發行股票的一小部分，通過雙層股票結構他們卻得以管理整個公司。再如塔塔集團，它旗下擁有二十八家上市公司，八十多家子公司，而其控股公司塔塔有限公司的過半數股權都由慈善信託持有。二〇一二年十二月二十八日，拉丹・塔塔退休成為控股公司的董事長（同時是多家子公司的核心人物），將塔塔集團董事長的位置讓給塞勒斯・密斯特裡（Cyrus Mistry），密斯特裡是塔塔有限公司最大少數股份持有者的兒子。然而，拉丹・塔塔和其他家族成員在那些慈善信託中身居要職，從而握有集團的管理權。

有趣的是，家族可以不必通過正式的所有權機制也能有效管理企業。企業創始人的部分遺產如一套規則或專門貢獻，都能使家族的權威得以延續，這樣家族成員就能代代擔任核心管理職位或在董事會佔有一席之地。

龜甲萬株式會社（Kikkoman Corporation）的案例可以給所有權之外的管理權提供一個解釋。龜甲萬公司是日本江戶地區生產醬油的家族企業，由八個家族於一九一七年創建，但其實它可以追溯到一六〇三年茂木（Mogi）和高梨（Takanashi）家族起家的公司。如今，這些家族透過一個基金持有龜甲萬僅不到一〇%的股份。儘管這些家族持有的股份很少，但家族仍然可以進行企業管理，不僅僅因為他們手中握有生產醬油的秘密，還由於企業創辦時就已立下規矩：企業必須由一個家族成員掌管，且八個家族中每個家族僅限一個成員可以參與龜甲萬的管理。這樣做的目的是為了維持家族和睦。鋼鐵夥伴公司（Steel Partners）的情況類似，它是美國紐約的一家對沖基金，其背後的家族是公司的最大股東，卻僅持有不到五%的股份。

家族繼承

毫無疑問，每一個家族都希望看到企業在後代手裡發展壯大，這也是家族企業的第三個要素。許多老牌家族企業的標誌就是能夠成功地傳承所有權和管理權。三百五十多年前，雅各・範・亨克（Jacob van Eeghen）創建了荷蘭亨克商業公司（van Eeghen Merchant Company）。該公司在經營期間多次改變運營策略，但是公司的管理權卻總是代代相傳，從不間斷。範・亨克是漢諾基協會（Henokiens Association）值得驕傲的一名會員，該協會雲集了三十八個家族企業，這些家族企業的歷史均超過二百年，而且它們迄今依舊被創始家族擁有和管理，其中包括五家日本公司，即赤福（Akafuku Tea and Confection）、月桂冠（Gekkakain Sake Company Ltd）、法師溫泉旅館（Hōshi Ryokan）、岡穀房產保險公司（Okaya Real Estate and Insurance）以及虎屋株式會社（Toraya Confectionary Co.）。多個世紀以來，這些公司不僅成功發展壯大，其背後的家族還都維持了自身的管理權和所有權。

隨著家族的壯大和企業的發展，家族的所有權會逐漸被稀釋，甚至失去控股權，但如果家族還握有實際控制權，這個公司就仍然是一個「家族驅動型」公司。如果家族雖然持有多數股份，卻把日常管理權移交給職業經理人，就是「委託型」公司。如果家族不再持有大多數股份或在高層擔任要職，則該公司就是「分散型」公司。這些定義最主要的決定因素就是家族是否願意將所有權和管理權轉移至下一代。然而，許多初創公司以及中小型企業甚至還沒經歷傳承就在三十年內被出售或清盤。

綜上所述，我們可以合理地給家族公司下一個定義，如果一個企業至少符合家族所有權、家族管理權和家族繼承這三個特徵中的一個，並且企業背後的家族承認對企業產生了主要影響，那麼這就是一個家族企業。

家族企業：最主要的組織形式

我們經常會聽到這樣的說法：家族企業守舊、缺乏創新力，所以很容易被更有效的商業形式取代。和這個說法相反，最新研究表明：

一、在全球大部分國家，家族企業都是最主要的商業組織。除了中國和其他一些社會主義國家之外，所有國家的獨立中小型企業幾乎都由個體企業家及其親戚持有多數股份，而且通常會有多個家族成員為企業效力。

二、一個國家內家族企業的數量取決於家族企業的定義：如果我們運用所有權的標準，則多數發達國家中大部分大型上市公司都可以歸類為家族企業。

三、即便是特大型企業集團，家族企業的數量也很可觀。一項研究表明，在全球二十七個國家，家族企業控制著差不多一半以上的上市公司，其市場價值平均達五億美元。美國五百強企業中大約三分之一的公司由家族持股。

四、在亞洲，家族企業在大型企業集團中也很普遍。據估計，印度、臺灣、香港、新加坡、印尼、馬來西亞和泰國有超過三分之二的大型商業集團由家族管理。

五、在歐洲，家族持股也很常見。幾乎一半的歐洲上市公司由家族控制，這個比例高於美國，但還是低於亞洲的比例。在比利時、法國、愛爾蘭、義大利、瑞士、英國和丹麥，一半左右家族企業的CEO由一個家族成員擔任。

家族企業的壽命

世界經濟史是一個個企業興衰故事的集合，但是有一些家族企業卻能經久不衰，憑藉其強大的競爭力，風風雨雨走過幾個世紀，期間一代代家族成員輪流掌權。

日本建築公司金剛組（Kong Gumi）是世界上最古老的家族企業，創辦於西元五七八年。當時聖德太子（Prince Shotoku）從韓國百濟招請匠人至日本興建一個佛寺（四天王寺）。其中一名匠人留在日本並開始自己創業。一千四百多年來，金剛組家族參與了許多著名建築的修建，其中包括大阪城天守閣（十六世紀，天守閣在日本的統一中起了關鍵作用）。至少四十代金剛組家族的成員管理過該公司，有時甚至由入贅的女婿管理。二〇〇五年，金剛組依舊由金剛組家族所有和管理，雇用一百多名員工，年收入達七十五億日元（約合七千萬美元）。然而，由於亞洲金融危機，金剛組遭受重創，最終在二〇〇六年一月宣佈清盤。金剛組最後一任總裁是正和金剛組（Masakazu Kongō），他是金剛組家族的第四十代繼承人。二〇〇六年十二月，金剛組作為日本高松市的一個全資子公司繼續運營，而金剛組家族轉回老本行，繼續建設寺廟。

金剛組的悲劇揭示了一個道理：有的家族企業雖然長壽，但它們不會永續經營。與非家族企業一樣，發展壯大對於家族企業也是一個挑戰。日本雲集了多個世界上最古老的家族企業，這反映了日本文化在西方社會發展前就已在該國的家族企業中滲透。當然，歐洲也有古老的家族公司。庫塞戈酒莊（Domaine de Coussergues）始於一三二一年，它是法國歷史最悠久的葡萄酒公司。二百多年後，即一五二六年，槍械製造商伯萊塔（Beretta）在義大利成立。荷蘭的亨克商業公司創辦於一六六二年。在歐洲，許多大型上市公司都橫跨幾個世紀，其中包括為克麗絲汀・迪奧生產高檔香水瓶的義大利玻璃生產商Pochet SA。Kenzo自一六二三年就被科隆納（Colonna de Giovellina）家族擁有和管理，至今已近四百年。法國上市家族企業文德爾（Wendel）可以追溯到一七〇四年，當時讓・馬丁・文德爾（Jean Martin Wendel）收購了洛林地區的魯道夫鐵工廠並創辦了一個鋼鐵企業，二百五十年後，該企業發展成為歐洲最大的鋼鐵公司之一。

我們相信這些蓬勃發展的老牌家族企業可以給年輕的家族很多啟示，比如如何克服這種特殊組織形式的侷限性。因此，我們會在本書中反覆提及這些家族企業。這些歷久不衰的企業有一個共同性，那就是對精神或無形價值觀的重視，它們已經例證了維持核心價值的重要性。滿足人類的基本需求往往是企業長壽的一個必要條件，而這些需求通常都是精神上的，而非物質上的。這些老牌家族企業的另一個共同性就是它們已經形成了有效的治理機制來應對多個世紀以來的挑戰。年輕家族可以向這些企業學習如何將家族特殊資產作為戰略資源、如何設計所有權和繼承模式來應對家族的壯大等。

家族企業的大小是長壽的保障嗎？當企業壯大到一定階段時，總會遇到經濟衰退，那麼是否需要將企業發展至足夠規模，才能積攢足夠的資本實力熬過寒冬？雖然企業大小和壽命之間的關係還沒有被深入研究過，但是我們已經看到很多小型公司至少已經存活了三代，但規模卻並沒有明顯壯大。無論在哪個國家，小型家族公司都比比皆是。

擴展閱讀

Bennedsen, Morten, Yann Cornil, and Robert J. Crawford. The Mulliez Family Venture. Case Pre-Release version, INSEAD, Spring 2013.

Bennedsen, Morten, Joseph P.H. Fan, Ming Jian, and Yin-Hua Yeh. The Family Business: Framewark, Selectime Survery, and Evidence From Chiness Family Firm Succession.

Forthcoming in Journal of Corporate Finance.

Bennedsen Morten, Francisco Perèz-Gonzàlez, and Daniel Wolfenzon. The Governance of Family Firms. In Corporate Governance: A Synthesis of Theory, Research and Practice, Baker, Kent H and Ronald Anderson, eds., John Wiley and Sons, Inc., 2010.

Li Jin, Joseph P.H. Fan, and Winnie S.C. Leung. Formosa Plastics Group: Business Continuity Forever. Harvard Business School Case (N9-210-026), 2010.

本章重點

- 法國的穆裡耶茲家族和臺灣的王氏家族例證了如何制定有效的長遠規劃以開發家族資源的潛力並最大限度減少家族壯大帶來的挑戰。
- 家族規劃圖是一個長遠規劃工具，可以幫助企業家族充分利用其特殊資產的戰略價值並制定相關治理機制來降低應對挑戰的成本。
- 家族企業具有三個特徵：家族所有權、家族管理權和家族繼承。
- 在全球幾乎每個國家，家族企業都是最典型的商業組織。

下一章探討的重點是家族特殊資產。我們舉了幾個案例說明家族特殊資產是制定商業競爭策略的基礎。家族特殊資產是我們所研究的長遠規劃框架的第一支柱。

第二章　家族特殊資產

雖然我們認同每個家族企業都有其獨一無二的文化，但科學的歸納分類將有助於我們更深入理解這些文化。事實上，在每個國家，創始家族對企業都有無可替代的貢獻，稱之為特殊資產。在日本、印度和香港地區，支撐家族企業的特殊資產也與在美國和歐洲的相仿。無論文化或國家背景如何，家族特殊資產都可以推動家族企業走向成功。家族特殊資產的價值因家族而異，但是如果家族失去了對企業的所有權或控制權，這種價值就不復存在。

本章的目的是讓您對家族特殊資產有一個基本的瞭解。在第四章我們會運用家族規劃圖詳細解釋這個概念。希望衡量家族特殊資產、親自制定長遠規劃的讀者可以跳過第二、三章，直接閱讀第四章「家族規劃圖」。在本章中我們也講述了一些家族企業的故事，希望它們能幫助回答如下問題：

- 成功的家族會給企業帶來什麼優勢？
- 企業家族如何利用家族特殊資產制定商業策略？
- 外部所有者或管理者是否可以效仿家族利用其特殊資產制定商業策略？如果可以的話，他們能效仿多久？
- 企業家族如何設計企業的治理體系以提升家族特殊資產的價值？

圖2.1 普遍的家族特殊資產

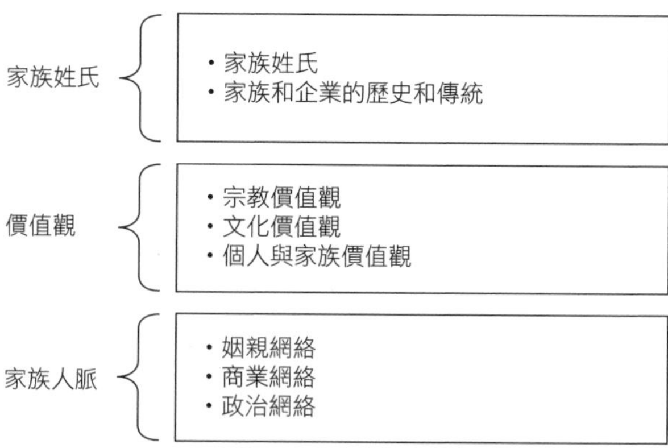

在本書後面部分，我們將闡述家族特殊資產如何為企業指明大方向，如何在所有權結構設計、公司治理、退出企業的時間和形式等方面影響家族的決策。因此，如果家族企業所有者正在做長遠規劃，明確家族特殊資產很有必要。

在很多不同的家族特殊資產中，我們著重探討其中的三個（詳見圖2.1）：家族姓氏和歷史、領導層的價值觀，以及他們的政治商業人脈網路。我們相信這些資產具有強大的作用，而且存在於所有公司、文化和地域中。

家族姓氏與傳統

每一個家族企業都有獨一無二的家族姓氏，它意味著企業的名譽和所有權歸屬。幾個世紀以來，有些家族利用其姓氏獲得了很大的成功。下述的例子表明，家族姓氏和家族傳統的強大作用是毋庸置疑的。

在日本西北海岸風景如畫的粟津溫泉地區，一個小小的旅館卻擁有世界上最強大的家族特殊資產。法師溫泉旅館創建於西元七一七年，距今約有一千三百年歷史，一直為法師家族所有並管理。這是迄今現存的最古老的家族企業之一。它的歷史與世界上最古老的獨立企業西山溫泉慶雲館相比僅差十二年。西山溫泉慶雲館也是一家日本企業，至今已傳承五十二代。法師溫泉旅館現在的負責人是法師善五郎，他是法師家族第四十六代傳人。

法師溫泉旅館

法師溫泉旅館坐落在日本小松市粟津溫泉地區。它是世界上最古老的獨立家族企業之一。傳說西元七一七年，佛教法師太町大師（Taicho Daishi）夢見鎮守白山（Mount Hakusan）的天神指示他去粟津村尋找一個具有治療功效的地下溫泉。太町和他徒弟法師臥龍（Garyo Hōshi）於是前往粟津村。在村民的幫助下，他們竟然找到了那個溫泉。太町讓病人在溫泉水中沐浴，不久他們的病果然趨於好轉。於是他叫徒弟在那個地方建個「無名」溫泉並對其進行管理。

自法師臥龍管理溫泉旅館以來，法師家族至今已傳承了四十六代。家族的繼承遵循嚴格

法師溫泉旅館

在茶室的法師善五郎夫婦

家族古老的庭院

的規定。每一代僅限一人擁有所有權和管理權，其他兄弟姐妹則通過包辦婚姻離開家族。

如今，歷史悠久的法師溫泉旅館已成為一個現代化旅館，可以入住四百五十位客人。但是家族依舊對傳統非常重視。每一個客人都能享受到個性化服務，這種服務由一個傳統的日式歡迎儀式開始，即茶道。溫泉提供室內與室外沐浴設備。十幾個世紀以來，很多重要遊客都曾經入住法師溫泉旅館，其中包括各國君主、望族和藝術大師。雖然法師溫泉旅館在很多國際旅遊雜誌上都有特寫，但外國人很難在沒有說明的情況下找到它。

法師旅館開始經營的時間比哥倫布發現新大陸早七百年，甚至比維京人在北歐當海盜的時間還早。法師家族與法師旅館融為一體，從美麗的庭院到著名的茶室，旅館的每一個角落都散發著家族歷史的氣息。曾經入住的遊客都覺得家族是旅館悠久歷史的守護者，而且經常能在旅館裡看到法師善五郎夫婦，他們積極參與著旅館的日常管理。這就是為什麼旅館提供的遊客體驗如此獨特。

家族資產如何傳承給下一代？第六章我們將會提到，法師家族已經培養了一套獨特的繼承模式，即旅館的所有權和管理權由單一繼承人繼承，主要是長子，有時次子、女婿或義子也會繼承。與其他家族相比，法師家族的繼承模式更嚴苛，但正是這個模式使家族特殊資產已在四十六代成員的血液裡流淌，創世界之最。

家族特殊資產如何轉移給外部所有人？我們假設法師溫泉旅館被一個國際連鎖酒店收購。如此一來，法師溫泉旅館將不會成為世界上最古老的家族酒店，即便保留旅館的所有設施，其他東西也會丟失，比如傳承至法師善五郎四十六代不斷的神話以及這個古老家族的地位。旅館象徵著法師家族的歷史，所以如果將旅館出售，其品牌和名譽也難免受損。家族的這種排他性強調了我們所說的要點，即家族特殊資產是關係資產，是一個特殊的家族為一個特殊的企業所做的特殊貢獻。

在現代市場分析師看來，因為缺少主動型行銷策略，法師家族沒有充分利用他們的家族資產。我們也不禁認為，法師善五郎沒有充分開發旅館的市場潛能，尤其是他們獨特的經歷必定會吸引來自全世界的遊客，所以為什麼不多開幾家法師旅館呢？

很明顯，法師家族並不屑於將其獨特家族資產的短期市場價值最大化，或許是因為他們衡量成功的標準不是企業的大小，而是企業的壽命，又或許他們覺得法師溫泉旅館的風格無法複製。無論如何，他們一定早已經發現了實現家族和諧的秘密，所以企業才會存活一千三百年之久。

對於本章開頭列出的四個問題，法師溫泉旅館給了一個完美的答覆。首先，一千三百年家族參與的歷史和傳統為旅館的永續經營做出了獨特的貢獻。第二，法師家族成員是旅館獨一無二的原因所在，也是企業的基石。第三，如果新的所有人或管理者不是家族的一部分，法師溫泉旅館的傳奇將會大打折扣。第四，法師家族已經制定了一套非常獨特的治理策略，即集中精力將家族特殊資產在代代相傳過程中完好保存（第六章將會提供詳細解釋）。

對許多類型的家族企業而言，家族姓氏和傳統都至關重要。法師溫泉旅館用其獨特的家族姓氏和傳統使其品牌或特殊經驗模式延續。像這樣的例子不勝枚舉，如鋼筆製造商輝伯嘉（Faber Castell）和德國汽車製造商保時捷（Porsche）。也有一些企業在第一代和第二代的名稱和其創始人同名，如凡賽斯（Versace）和喬治・阿瑪尼（Georgio Armani）。事實上，每一個大型企業都會基於其名稱制定競爭策略，如下面我們將要介紹的愛馬仕（Hermès）公司。

愛馬仕

愛馬仕公司的創始人蒂埃利·愛馬仕（Thierry Hermès）於一八〇一年出生於德國的克雷菲爾德市（Krefeld）。一八三七年，他開了一家工作坊，生產和銷售手工馬鞍、馬勒及其他皮革騎具。二十世紀初，受其孫子艾米麗—莫里斯（Emile-Maurice）的啟發，愛馬仕不再侷限於騎具，轉而生產皮包、行李箱和其他諸如成衣和絲巾之類的商品。一九二五年，第一批愛馬仕旅行包在全球廣受歡迎，隨後一九三七年生產的「carré」絲巾也迅速走紅。隨即，愛馬仕就成為一個世界級品牌，產品廣銷南美、北美、俄羅斯和亞洲。如今，它是世界上最大的，或許也是最受推崇的奢侈品製造商，年銷售額約為一百七十億歐元，年利潤三億歐元，擁有三百家專賣店及八千名員工。

愛馬仕的快速發展和多元化經營的成功源於公司對高品質的堅持。直到今日，愛馬仕仍堅持精心挑選每一個工匠，並輔之以各類內部或外部培訓，之後才允許他們製造愛馬仕產品。對如凱莉包（Kelly）和柏金包（Birkin）這樣的知名產品，愛馬仕工匠會只用少許蠟線，花十八至二十四個小時細緻縫合，並用瑪瑙將皮革細細打磨，這樣處理後的成品最後摸起來像天鵝絨一般。愛馬仕公司的領導通常都會給新產品加入自己的見解。例如，羅伯特·杜馬斯·愛馬仕（Robert Dumas-Hermès）在引進凱莉包的新顏色和材料時就重新詮釋了這款包。凱莉包是愛馬仕的傳統產品，因摩納哥王妃格蕾絲．凱莉（Grace Kelly）在《生活》雜誌的一張照片中手提這款包而得名；而柏金包是羅伯特之子尚．路易士．杜馬斯（Jean-Louis Dumas）一次坐飛機和法國女歌星簡．柏金（Jane Birkin）談話中得到的靈感。當時柏金抱怨說現在都找不到做工精良又實用的大提包。所以他就依照柏金的要求打造出了柏金包。當他親自把這款包交到柏金手中的時候，他說：「只有妳和格蕾絲．凱莉擁有以妳們名字命名的愛馬仕提包。」愛馬仕品牌享譽全球的原因還可從另一個故事中理解。二十世紀七〇年代，塑膠和尼龍的大量生產大大降低了人們對皮革品和絲製品的需求，愛馬仕也遭受重創。在沒有訂單的情況持續一段時間後，羅伯特決定寧可停產兩周，也不用合成材料生產，即使當時有批評指責他墨守成規而觸及了公司利益的底線。

最近剛剛退休的愛馬仕CEO派翠克．湯瑪斯（Patrick Thomas）曾經說過：「毫不含糊地說，愛馬仕的成功源於一八三七年始我們對品質始終如一的追求，以及我們優秀的創造力和精湛的工藝，我們決不因眼前利益而犧牲長遠利益。」

愛馬仕象徵著對品質和奢華一如既往的堅持。近兩個世紀以來，家族都集中精力生產高品質的產品。正因如此，愛馬仕這個名稱在全球頂級奢侈品品牌中享有獨特的地位。通過大量的內部生產，公司的手工工藝得以傳承。例如，愛馬仕絲巾的原材料來自其巴西的農場生產的絲。愛馬仕家族的獨特貢獻在於他們始終堅持一流品質和工藝。這種經營模式是其得以持續經營的保障。愛馬仕家族成員對企業經營的持續參與也確保了未來愛馬仕產品的品質將不會打折。二〇一三年，長期在位的外部CEO派翠克．湯瑪斯退位，取而代之的是一位愛馬仕家族成員。他將繼續致力於提升家族特殊資產的價值。這說明了只有家族特殊資產強大，家族管理才最有價值。

愛馬仕如同一顆北極星照亮了家族奢侈品企業前進的道路。奢侈品企業很特別的一個地方在於，他們大部分都擁有很強大的家族特殊資產，這些資產通常都像愛馬仕一樣體現在其名稱和傳統上。奢侈品包括手錶、鋼筆、時裝、汽車、私人飛機和遊艇。二〇一一年，這個龐大市場的銷售額估計達到了一千七百億美元，而且近幾十年都呈飛速增長狀態，特別是在亞洲和中東。奢侈品在提供實用價值之外，更多的意義在於幫助使用者提升社會地位，因此名聲和傳統就成為了強大的資產，讓人覺得親切又可靠。為了保護名聲，企業家族已經意識到高品質的重要性，所以有時為了保持長期的高品質寧可犧牲眼前利益。

在奢侈品行業裡，大部分企業都由家族所有和管理。其中最大的企業LVMH由阿諾特（Arnault）家族所有。阿諾特家族旗下擁有五十個品牌，其中包括路易威登（LV）、卡地亞（Cartier）、輝柏嘉（Faber-Castell）、蒂芙尼（Tiffany）、勞力士（Rolex）、寶馬汽車（BMW）、軒尼詩（Moët Hennessy）和香奈兒（Chanel）。奢侈品企業善於把商業策略的制定建立在家族姓氏和傳統的基礎上，這個特點也使該行業充分體現了家族所有和管理的優勢。

那為什麼還有很多家族退出奢侈品行業而進入大型企業集團呢？法國的LVMH和開雲集團（Kering）已經收購了很多家族企業，在其他一些家族企業中，有的也通過上市部分退出了企業運營。在下一章中我們將談到，雖然家族特殊資產的存在證明家族對企業管理的干涉很有必要，但家族路障的存在也會威脅企業所有權的問題。如果一個行業路障很多，尤其是面臨市場結構調整的挑戰，那麼就需要採用新的所有權模式來應對。

對小型創業型企業尤其是奢侈品企業而言，家族姓氏和傳統是強有力的家族特殊資產。那麼，對競爭性市場中的大型企業來說它們也是一個優勢嗎？下面的例子將證明答案是肯定的。

一八九六年，阿道夫・奧克斯（Adolph Ochs）買下《紐約時報》，這標誌著一個傳奇家族報業公司的誕生。《紐約時報》創建於一八五一年，但是辦報成本的不斷上漲羈絆了它前進的腳步。買下《紐約時報》後，奧克斯在短短三年內就成功將成本減半，並將發行量從九千份提升至七萬六千份。他的辦法是將新聞和評論分離，並降低報紙的賣價。二十世紀二〇年代，《紐約時報》的日發行量超過四十萬份。

奧克斯去世後，他的女婿亞瑟・海斯・蘇茲貝格（Arthur Hays Sulzberger）接班，成為《紐約時報》的發行人兼社長。蘇茲貝格曾經也在《紐約時報》任職。一九三五年至一九六一年，在蘇茲貝格的管理下，《紐約時報》的業務日趨多樣化，不但成功拓展至廣播電臺，而且進軍歐洲和加利福尼亞，發行量上升至七十一萬三千份。繼他之後，奧克斯家族成員奧維爾・德賴富斯

（Orvil Dryfoos）和他的傳奇兒子亞瑟．奧克斯．蘇茲貝格（Arthur Ochs “Punch” Sulzberger，人稱「彭區」）相繼上任。

奧克斯和蘇茲貝格對《紐約時報》的百年管理講述了一個忠於奉獻的家族如何利用其特殊資產創建了世界上最有聲望的報紙，以及他們如何控制家族資產來給家族注入無限的力量。沒有他們的影響，《紐約時報》將大不一樣；同樣，沒有《紐約時報》，蘇茲貝格家族的命運也將大不一樣。在上個世紀，雖然他們曾經面臨重大的市場和行業路障，而且遭遇到如何維持家族管理的嚴重治理問題，他們還是成功將《紐約時報》提升至無與倫比的地位。

二〇〇九年，當汽車行業陷入安全性能危機時，豐田家族也成功利用了家族的姓氏化解了危機。一九一八年，豐田佐吉（Sakichi Toyoda）於日本名古屋市（Nagoya）建立了豐田自動織布機工廠（Toyoda Automatic Loom Works）。在此基礎上，他那富有開拓精神的兒子豐田喜一郎創辦了「豐田汽車公司」。他們相信，豐田汽車公司有朝一日必定會成為世界上最大的汽車製造商，並為其他具有創新組織制度的企業樹立榜樣。的確，他們做到了。如今，豐田家族已逐漸放棄公司的控制權，估計只持有不到八%的股份。

一九九二年至二〇〇九年間，豐田家族無一人掌權。但在二〇〇九年，公司卻面臨了有史以來最大的危機。由於一系列安全問題，即油門踏板、地墊和制動系統故障，豐田分別發佈了三次相關公告，在全球總共召回了九百萬輛汽車。當事件發展到高潮的時候，就有關實際和潛在的安全問題，豐田和諸如國家公路交通安全局（National Highway Traffic Safety Administration）這樣的機構一起被調查無數次，甚至還在一些國家被起訴。

從技術層面分析這個案例已經超出了本書的研究範圍，也超出了我們的知識範圍，顯然豐田要彌補公司聲譽要頂著巨大的壓力。豐田汽車雖然沒有全世界最時尚的車型，卻因其可靠性和安全性而赫赫有名。但是召回、調查和官司這些事件足以讓豐田的地位岌岌可危。

對於與豐田規模相當的非家族企業而言，股東肯定希望企業所有人在面對問題時做出及時反應，並發出信號表明局勢已在掌控之中。這往往會牽扯到高層變動，像是現任總經理被解雇而其他與危機無關的人員上任。股東希望看到這些變動，即使被解雇的總經理也可能與危機無關。然而，豐田卻另闢蹊徑。

與其他股東相比，豐田家族與豐田汽車公司的利害關係最大，因為他們和公司的形象休戚相關。二〇〇九年一月，豐田公司發佈一個公告：豐田章男將於年底接任總裁兼ＣＥＯ。這是十七年來第一位豐田家族成員擔任這個職位。雖然他當時只是被推薦為豐田領導，他的快速晉升卻是對那次危機的一次回應。撇開他的領導能力不談，豐田公司巧妙利用了豐田家族的名稱向市場發出一個強而有力的信號，那就是豐田家族要回歸豐田，公司將回本溯源，努力挽回其價值和聲譽。只有豐田家族的名號能製造這一效應。從市場對這一公告的反響來看，投資者是信服的。

在過去的十年中，德國電子巨頭西門子也有類似的經歷。當時內外部治理問題，包括賄賂和其他過錯行為，讓西門子頻頻上醜聞頭條。西門子家族通常都很低調，平時就和值得信賴的外部經理人討論公司治理問題，但這次他們選擇站出來說服投資者和商界，以證明西門子將致力於建立一個新的透明治理結構。

無論在東方還是西方國家，從最小到最大的家族企業，他們的故事都證明了家族名稱在贏得核心股東信任時的強大力量。家族名稱是新一代家族成員最容易保存的獨特資產。成功的企業家族善於將其名稱和傳統融入商業策略中，並制定能夠保護和提升企業價值的治理結構。

價值觀導向領導

家族企業最強大也最普遍的資產之一就是一套能夠滲透整個企業的價值觀。價值觀導向領導是現代企業中很普及的一個概念，很多偉大的企業領導都通過這種領導方式發展他們的企業。但是家族企業比較特別，因為它們的領導通常都以家族和企業的核心價值觀為導向，而且這些價值觀世代相傳，因此它們是家族和企業的基因密碼。

價值觀是個人在私人或職業生活中決策的基礎，是人際交往中遵循的原則，如誠實、正直、勤奮等等。價值觀導向領導指的是企業決策和治理反映企業負責人的價值觀。在家族企業中，價值觀通常都代代相傳。

價值觀導向領導和其他諸如經驗導向的領導方式相輔相成。如果企業或領導遇到一個與過去類似的情況，經驗導向領導將非常有用。但是如果遇到的情況不同，如家族企業的第一次接班或是領導企業多年後如何退位，這時經驗導向的侷限性就暴露無遺。在上文提到的愛馬仕例子中，我們見證了在二十世紀七〇年代合成材料風靡時裝界時，愛馬仕如何堅持自己的傳統，由此也證明了價值觀導向領導雖然短期內成本較高，但長遠來看回報會非常豐厚。

在我們探討的家族企業中，幾乎所有企業都會採取價值觀導向的領導方式。價值觀是家族的現有成員從上一代傳承下來的一套共有價值體系。在撫養和教育子女的過程中，價值觀以潤物細無聲的方法灌輸給家族成員。這一方法為企業家族所獨有，因為想用同樣方法將價值觀灌輸給一個在位不久的外部經理人是不可能的。

吉百利和貴格會價值觀

十八世紀初，當可可豆第一次被帶到英國時，它就引發了一場企業家之間的激戰。一八五〇年，三十位信心滿滿的巧克力企業家競相為大眾生產適合他們口味的產品。起初，各路商店一邊售賣茶葉和咖啡，一邊在私底下試驗各種各樣的可可油。為了把可可做成液體狀態，油不能撇掉，而且要加入各式各樣的添加劑來使可可油變濃，如馬鈴薯粉、西米，甚至是磚灰、鐵屑，還有像朱砂和紅丹這樣的有毒物質。

一八二四年，年僅二十四歲的約翰．吉百利（John Cadbury）在伯明罕的Bull Street開了自己的小店。除了賣茶葉和咖啡之外，他還出售一種可可豆碎片，「是他為大家準備的最有營養的早餐飲料」。約翰．吉百利一生都在竭力維持他的小公司，直到他兒子理查（Richard）和喬治（George）接手之後，小公司才慢慢壯大成今天世界上最大的巧克力企業。

在英國巧克力行業，吉百利兄弟和其他貴格會成員的企業家（包括他們的主要競爭對手Rowntree和Fry）都相信資本主義能幫助人們提高生活水準，尤其是他們公司的員工。他們不是為了生意而做生意，而是為了實現更大的目標。早期巧克力企業家所有商業策略的目的都是為了提供美味健康的酒精替代品，這與貴格會的理念一致。貴格會的創辦人積極宣導禁酒，他們也反對雇用童工和環境污染。貴格會成員工作極其努力，並奉行清教的教義。由於英格蘭厲行禁止他們信教，他們最後創建了一個宗教商業網絡，這樣貴格會企業家就可以通過秘密會議進行交流和分享經驗。

在吉百利家族第二代進行管理的頭十年間，吉百利生意慘澹。即便如此，他們依舊恪守父親行善的諾言。他們為女員工增加了兩倍的工資，建立了一個病假俱樂部，並為員工提供教育機會和教堂禮拜服務。原則上，貴格會成員反對通過廣告促銷產品。他們認為只要產品品質好，就一定能賣出去。但是吉百利的生意一直沒有起色。直到十九世紀六〇年代末，吉百利兄弟不再遵循貴格會的原則，轉而開始宣傳他們可可飲料的營養價值，並推出了一些塊狀巧克力產品。諷刺的是，一百年後，吉百利成為英國廣告花費最高的企業之一。

吉百利兄弟所進行最大膽的試驗大概就是建立了「伯恩維爾基地」。這是為了把吉百利工廠搬出伯明罕貧民窟而創建了一個花園式的工廠，以打破貧困的惡性循環。在接下來的一百三十年間，伯恩維爾基地成為吉百利的總部，這也開創了一個社會資本主義模式。隨後，密爾頓．赫爾希（Milton Hershey）也受此啟發，在賓夕法尼亞州建立了一個類似的基地。

作為一個熱衷於慈善的企業家族，吉百利有時也會遇到事與願違的情況。例如，他們的巧克力豆是葡萄牙殖民地的奴隸生產的。這對一個如此關心社會的家族來說是一條爆炸性醜聞，因為他們創造財富的來源竟然是奴隸的勞動。這場風波過後，喬治．吉百利進軍政壇，並購買了兩家宣導自由主義的報業公司。

艾德里安．吉百利（Adrian Cadbury）是家族的第三代成員。他生於一九二九年，年輕時是一個奧運會划船手。三十六歲時，在他父親將吉百利上市之後，他成為公司最年輕的董事長。直到一九八九年他才卸任，任期長達二十四年，也因此成為任期最長的董事長。他還是吉百利首屆公司治理委員會的主席。一九九二年，公司出版了「吉百利報告」，它介紹的一套業務守則成為全球公司治理改革的基礎。

二十一世紀初，吉百利轉而由非家族成員陶德·斯蒂爾茨（Todd Stitzer）經營，但是家族的價值觀依舊在企業經營策略中體現。斯蒂爾茨設立了一個目標，將公司一%的稅前利潤捐獻給予企業運營有關的社區。而事實上，他總是超額完成指標。除此之外，吉百利還在公司內部制定了一個節能減排的規劃，並攜手聯合國、國際反奴隸組織（Anti-Slavery International）、世界展望會（World Vision）、國際救助貧困組織（CARE）和海外志願者服務隊（VSO）創辦了吉百利可可股份公司（Cadbury Cocoa Partnership）。十年來，吉百利公司總共投入了四千五百萬英鎊用於幫助迦納、印度、印尼和加勒比海地區種植可可的農民提高生活水準。此外，公司還和公平貿易運動（Fairtrade）合作為種植可可的農民爭取體面的收入。

吉百利受家族價值觀的影響長達一百八十多年，其中艾德里安·吉百利和吉百利公司治理委員會所做的工作中投射出的價值觀對現代公司實踐影響深遠。「吉百利報告」提供的公司治理準則也為一些國家和國際機構帶來啟發。

貴格會企業家是英國工業革命的主力。最多時英國有二百多家貴格會成員創辦的公司。當信用緊縮時，英國有超過七十五家貴格會銀行，其中包括著名的巴克萊銀行（Barclays）和勞埃德銀行（Lloyds）。英國第一座鋼構橋樑和世界上第一列鐵路客車也是貴格會企業家開發的。

宗教價值觀可以成為企業發展的驅動力。很多成功的家族企業對其宗教信仰也毫不避諱。我們在第一章也看到，穆裡耶茲家族在家族和企業發展中都信奉天主教教義。在亞洲，很多成功家族企業受儒家思想的影響很深。漢考克陶瓷（Hancock Chinawere）是韓國一家著名的陶瓷生產商。它從一個小陶瓷廠起步，經歷了七十年的發展後已經成為世界上第五大餐具廠商。漢考克信守儒家原則，強調互相尊重、善待員工，這和貴格會成員的觀念類似。

對企業家族而言，無論是關乎宗教，還是政治或經濟，這類文化價值觀都是有益的家族特殊資產。社會學家將這類文化價值觀分為兩類。一類是宗教，因為宗教與很多家庭問題密切相關，諸如父母與子女之間的關係、尊重權威、傳統家庭價值觀、反對離婚、墮胎甚至自殺；另一類與生存和關注世俗有關。

如果對世界各地的價值觀做一個調查，我們可以將這些國家分為九大文化群體，其中包括歐洲天主教群體、亞洲儒家群體、南亞、拉丁美洲和非洲群體等。即使到了海外異鄉，奠基於本土文化的家族特殊資產的作用也很大。譬如，世界上大部分國家都有成功的中國商業社區，像紐約、倫敦、墨爾本、新加坡及其他地區非常活躍的「唐人街」。

並不是只有中國家族才會利用其文化價值觀在國外做生意。Forever21就是在洛杉磯服裝業起家的韓國家族企業，如今已成為一個價值十億美元左右的國際連鎖企業，由其創始人夫婦和兩個女兒控制管理。事實上，洛杉磯時尚行業中大部分都是韓國人。他們充分利用了韓國的傳統，如從事服裝行業、嚴格自律、為家族和文化網路投資等。

很多保守的德國家族也在拉丁美洲成功創業。由於拉丁美洲的商業文化比較隨性，因而他們自律、可靠和嚴謹的傳統價值觀就更有價值。義大利家族在加拿大和美國的建築行業也很成功。

許多價值觀導向的家族企業都有悠久的歷史，它們的價值觀已被傳承了好幾代。然而，只要社會經歷過劇變，無論這劇變是文化的、政治的還是經濟的，價值觀傳承都會變得不太可能。比如在現代中國，只有少數私營企業成功運營超過三十年。雖然很難在幾代人間就創造出價值觀導向的家族特殊資產，但中國企業家仍在試圖重建他們的價值觀，有時重建的方式還很新穎。

下面將講述一個中國南方刀具生產商的故事。在這個故事中，急功近利的文化建設可能聽起來很矯揉造作，但考慮到在過去的一百年間，中國文化和商業活動由於戰爭和政治動亂頻頻中斷，這一努力就顯得無可厚非。很多企業家都曾試圖利用歷史和文化的力量提高生產力和效率。

陽江十八子

陽江十八子是陽江的一家刀具生產商。陽江是廣東的一個旅遊城市，以刀具行業蜚聲中外。陽江制刀歷史可溯至一千四百多年前。西元五五七年，民族英雄冼夫人屯兵陽江，命令當地人製作鐵制刀劍。如今，陽江的一千二百家刀具工廠負責中國幾乎六〇%的廚房刀具生產，十八子公司是其中最大的一個。十八子公司由李氏家族創辦，「十八子」就是「李」字的拆解。

十八子公司的所有人李先生決定光復中國的刀具文化，並將李姓和刀具文化融為一體。受武術的啟發，他在公司總部建立了一個刀具博物館，不僅展示十八子公司製造的刀具，還展示中國傳統武術所用的兵器。為了吸引遊客到陽江和他的博物館感受文化，他甚至進軍酒店和旅遊行業。他向員工灌輸武術精神，也因為武術精神，他們都遵循一套嚴格的行為守則。和他祖先一樣，他的工廠也生產各種類型的劍，而且他的零售店不僅僅售賣廚房刀具，還出售古代的兵器。顯然，李先生試圖將他公司的產品建立在陽江歷史和文化的基礎上。

宗教和文化價值觀可以大大促進一個文化或國家內企業的發展，個人和家族價值觀也可以對家族企業產生很大的影響。

台塑集團創始人王永慶就是一個將個人價值觀轉變為公司策略的好榜樣。他在童年時期歷經的磨難造就了一個有著強大價值觀的企業領導，這些價值觀對台塑集團的成功功不可沒。勤奮、節儉和嚴謹使王永慶成為一代管理大師，但是他的人生觀很簡單，那就是刨根問底。他相信，在面對問題時只要追究到水落石出，問題就一定能有效解決。他喜歡把一個具體過程的每一個細節都弄清楚（即便是砌磚也有一套標準的流程），而且堅持回報社會。在他過世後，他的價值觀也成功傳承給新的台塑集團領導。

企業創始人的價值觀成為家族企業的治理原則，這樣的例子還有很多。著名宜家商業模式的靈感就來自於其創始人英格瓦．坎普拉（Ingvar Kamprad）在瑞典農村的成長經歷。坎普拉和他的很多鄰居一樣，兒時經歷各種磨難，但也是在這過程中形塑了他的價值觀。在宜家的生產、運輸和銷售環節，他竭力壓縮成本的觀念也被成功運用。

義大利奢侈品時裝集團凡賽斯也可以證明家族價值觀的巨大作用。凡賽斯的創始人詹尼．凡賽斯於一九九七年被暗殺。他哥哥聖托．凡賽斯是凡賽斯集團的現任董事長和聯合CEO，而他妹妹多娜泰拉是集團的藝術總監兼代言人。二十世紀七〇年代末，聖托與多娜泰拉和詹尼三個人密切配合將集團創辦起來。當時多娜泰拉負責公司的公關，而聖托負責管理方面事宜。詹尼去世後，他的倆兄妹延續了他的傳統。多娜泰拉的女兒阿萊格拉（Allegra）是詹尼的唯一繼承人，在詹尼辭世後繼承了他全部的集團股份（五〇％）。凡賽斯家族的時裝設計理念和興趣很大程度上來源於詹尼的父母，他們的父親是一位私人理財師，母親是一位縫紉師，都曾經為義大利貴族服務。

凡賽斯家族文化的精華已在很大程度上融入公司的經營之中。由於家族成員持有大比例股份而且擔任主要職位（設計和管理），公司的文化也因此保持不變。這種一貫性體現在凡賽斯的產品設計中，而且由於凡賽斯產品的獨特風格和所代表的凡賽斯傳統，消費者一直對這個品牌的產品情有獨鍾。

這裡我們有必要強調，由於家族有固定的結構和關係，可以使長時間建立起來的文化、宗教和個人價值觀持續傳遞，因此價值觀更容易在家族內部共用。家族企業所有人可以尋找持有類似價值觀的外部經理人，但如果家族不再管理企業，要在企業內部固定這些價值觀就比較困難。即使外部經理人看似與家族價值觀念一致，但他們是否會在管理企業的過程中深刻貫徹這一點還是個問題，尤其是需要權衡短期利益的情況下。

我們可以看到價值觀和家族特殊資產的定義很吻合：價值觀也很深刻地影響家族企業的組織方式；價值觀在內部傳遞也比向外部轉移更容易；價值觀也可以成為非常成功的商業策略的基石。

上述的例子只是特例或是對大多數家族企業都適用？為了回答這個問題，我們調查了三千家丹麥的中小型企業，向企業負責人提出了一些問題，這些問題涵蓋了個人和文化價值觀的諸多方面，尤其是「關係」在個人生活中的重要性，其中包括家庭、朋友、休閒時間、政治和宗教關係。例如，如果家族領導有宗教信仰，他或她治理家族企業的方式會受影響嗎？右派的企業所有人會比左派的更強硬嗎？

為充分瞭解企業主的個人和文化價值觀，我們還詢問他們還有什麼是婚姻成功的因素（是忠誠、收入還是社會地位），並讓他們指出美滿婚姻的一個最重要因素。此外，我們還問及他們對不同社會機構的信賴程度，如政治機構和員警機關，工會聯盟和人道組織。

調查發現，家族企業所有人的價值觀因人群而異，但他們大部分都偏右派。其中三分之二的人贊同或非常贊同「今天的政壇基本上不為中小企業謀福利」的說法。不到三分之一的人認為政治應該更關心社會和平等問題。雖然大部分受調查者政治觀念保守，但他們對參與政治並不感興趣。

價值觀導向的家族企業領導是否與其他類型的領導不同？尤其是，宗教價值觀是否會影響決策？我們從這項調查中找到了答案。一般而言，我們的家族企業所有人和其他人一樣，都有宗教信仰。我們確定了調查物件中一〇%宗教信仰最強的企業所有人，並研究他們的經營策略和其他企業主的有何不同。當被問及不同動機對商業行為的重要性時，他們之中三分之一的人表示，為後代獲取各種資源是他們奮鬥的重要動機。但是在宗教信仰很強的企業主中，這個比例要高二〇%——超過四〇%的人表示為家族謀福利是重要動機。關於他們希望誰來繼承管理職位，一一%的無宗教信仰的企業所有人表示要由家族成員繼任，而二二%有宗教信仰的企業所有人也希望由家族成員繼承。

價值觀不僅影響家族的結構，還影響家族成員之間互動的方式，特別是爭奪利益和交換觀點的方式。我們發現宗教信仰強烈的企業所有人相較無宗教信仰的企業主更可能會和其他股東發生嚴重衝突，而且與無宗教信仰的企業主相比，他們之中近五〇%的人會和其他家族成員產生衝突。

我們也詢問有宗教信仰和無宗教信仰的企業家他們是否清楚企業的真正價值觀。只有四分之一的無信仰企業家表示清楚，但近一半有宗教信仰的企業家給出了肯定的答案。

為了確定企業所有人的經營策略是否受非盈利價值觀的影響，我們問及他們的家族企業是否有一個因應地球氣候變化的宏偉計畫。結果只有四分之一的家族企業予以肯定。然而，超過三分之一有宗教信仰的企業所有人表示他們有一個長遠的氣候變化的企業戰略。之後我們問他們這個宏偉計畫是否會提高企業的效益。總的來說，只有少數企業所有人持樂觀態度，但是比起無宗教信仰的企業主，有宗教信仰的企業所有人更可能（大約四〇％）相信他們的價值觀導向策略能夠提高盈利。

總之，這些調查結果顯示，有宗教信仰的企業家有著強烈的價值取向，這些價值取向影響著幾乎每一個商業決策。

人脈

人脈是商界極其重要的資源。由於對朋友和親戚的信任和安全感，人脈可以促進資源和資訊在利益相關者之間交換。信任來自以前投資活動中建立的關係，如果辜負一個人的信任，就可能破壞自己的名譽和兩人的關係。

企業領導無不依賴自己的人脈，但是家族企業的領導對人脈的依賴性更強。成功企業家善於利用他們在當地或國內的商業和政治人脈。家族網路是家族多年來或幾代以來建立起的人脈。跟其他家族特殊資產一樣，人脈也很特殊，而且不易在個人或組織之間轉移。

對年輕企業家而言，家族網路是強大的戰略資產。在推廣和培養企業家精神方面，大型企業家族往往深藏不露。我們看到穆裡耶茲家族如何將家族網路發展成一個強大的商業模式，這樣新的創業活動就能在這個模式裡不斷演化。我們也提到王永慶的諸多子女都已在其創業活動中獲得成功。內部家族網路能讓有抱負的年輕企業家從周圍最成功的商業人士那裡得到建議、指導和經驗。

家族網路也可以制度化。在亞洲，無論在順境或逆境，企業家族都可以利用強大的人脈網路助其一臂之力。他們的人脈網路可能是純粹的商業人脈，但是他們經常通過和其他家族聯姻來鞏固這些網路。在歷史上，許多不同文化背景中的家族都曾通過聯姻促進他們的企業發展。婚姻不僅僅與愛情有關，它還會對一個家族企業的成功和持續經營產生深遠的影響。這不僅因為家族後代的孩子以後可能要為家族企業效力，甚至成為家族企業的繼承人，還因為夫妻背後的家族可以帶來額外的資源，因此企業家在子女伴侶的選擇上非常慎重。

在韓國歷史中，家族在商界的人脈也起著至關重要的作用。為了和當地許多王朝建立關係，統一三韓的高麗太祖王建（八七七—九四三）結婚的次數不下二十九次。今天，韓國的一些大企業也利用婚姻建立起強大的商業網絡。例如，三星已經和ＤＡＣ、Life、Dong-ah、Meewon以及ＬＧ成功聯姻。ＬＧ也通過和很多大企業聯姻創造了一個龐大的商業網絡，這些大企業包括韓國大利有限公司（Daelim corp.）、Pyeunksan、極東（Kukdong）、鬥山集團（Doosan）、現代（Hyundai）、韓進海運（Hanjin）和錦湖輪胎（Kumho）。三星、ＬＧ也與許多政客和其他有權勢的人建立了緊密聯繫。

在新加坡，全球著名的鋼鐵供應商Didwania家族通過子女的聯姻成功攀上加爾加答家族大亨**Gabodia**。在南亞，總部位於尼泊爾的全球性工業帝國喬杜裡集團的繼承人娶了世界鋼鐵行業巨頭米爾塔鋼鐵集團的女兒。

這種通過聯姻拓展商業人脈的做法並不僅限於亞洲。奧列格·德里帕斯卡是俄羅斯最富有的寡頭統治集團成員，也是世界上最大的鋁生產商，他後來娶了前蘇聯總統鮑里斯·葉爾辛的孫女。烏克蘭排名第二的寡頭統治集團成員維克多·平丘克與烏克蘭前總統列昂尼德·庫奇馬的女兒結婚。莫德洛集團是墨西哥最大商業集團之一，其繼承人瑪麗亞·亞松森·阿蘭布魯沙巴嫁給了美國駐墨西哥大使托尼·加爾薩。

在很多新興國家，大企業家族都會與其他家族有錯綜複雜的關係。在發達國家，商業聯姻也很常見。在日本，精英家族會安排子女與其他重要企業家族的成員或政客結婚來擴張他們的經濟利益。最會精心安排商業人脈的家族恐怕就是控制豐田集團的豐田家族。他們通過聯姻與兩任前日本首相中曾根康弘（Yasuhiro Nakasone）、鳩山由紀夫（Hatoyama）以及七大企業家族建立關係，分別是最大的戰前財閥三井家族、全球著名的工程建設集團清水家族和鹿島家族、石橋家族、上原家族（大正製藥集團）、齋藤家族（大昭和造紙公司）和飯田家族（高島屋百貨公司）。

加拿大的戴斯邁拉斯家族控制著鮑爾公司，並成功通過和弗朗茨・克雷蒂安聯姻與前總統尚・克雷蒂安建立起人脈。歐洲也不乏這樣的例子。亞里斯多德・奧納西斯是二十世紀最富有的航運大亨之一，他娶了另一個航運巨頭斯達渥・裡瓦諾斯的女兒雅典娜・裡瓦諾斯。西班牙的億萬富翁艾斯特・科普洛維茨與西班牙一個望族的少爺費爾南多・法爾科成婚。仿水晶製造大亨施華洛世奇的千金菲歐娜・施華洛世奇嫁給了澳大利亞財政部長。最近，法國著名家電超市達爾蒂集團的女繼承人潔西嘉・賽寶恩・達爾蒂嫁給了法國前總統薩科齊的兒子尚・薩科齊。

為了證明這些都不是例外而是行業規則，我們對泰國過去二十年間商業人士後代的婚姻抉擇進行了一項研究。我們找出了二百對夫妻，其中至少一方和泰國前一百五十強家族企業有關。這些家族幾乎都是十九世紀和二十世紀初移民至泰國的中國家族。在這些有家族企業背景的二百人當中，幾乎九％的人與泰國王室成員攀親；近二四％的人與政客、政府官員和軍事領導人家族聯姻；二一％左右的人與另一個大家族企業成員結親；大約二五％的人和中小型家族企業成員成婚；六％的人嫁娶了外國人；剩下的一五％和其他諸如大學教授之類的人結婚。因此，基於政治和商業人脈的婚姻占了全部調查物件的八〇％，而沒有商業目的的婚姻僅占二〇％。

我們也調查了市場對這些婚姻的反應。對於典型的「人脈導向」婚姻，在結婚日期的前後四十天內，家族企業的股票淨收益增加了四%。相反，如果一個家族企業的女兒嫁給了非政商界內的人（如大學教授），則在他們婚後，家族企業的累積股票淨收益表現一般。

由此可見，將兒子或女兒（甚至是企業創始人自身）的婚姻與政商網路結合的確對企業發展大有裨益。有趣的是，我們發現依賴政府合約和授權的家族企業，如在電信和房地產行業的企業，更願意將家族成員的婚姻與政商網路掛鉤。如果兩個家族企業有潛在的客戶—供應商關係，那麼他們各自的成員很可能會建立婚姻關係，這有點類似於泰式的垂直整合。如果兩個家族在同一行業，他們更可能聯姻，由此將競爭關係轉為朋友關係。

顯然，企業家族成員的婚姻還會帶來其他好處。日本家族企業習慣上會鼓勵女兒嫁給有前途的「工薪階層」，但前提是他要在她父親的企業任職。而且，女婿往往要入贅，無論女方家是否缺乏繼承人。這種婚姻的另一個好處就是可以培養一個潛在的繼承人。如果一個富二代更喜歡花錢而不是投身於企業管理，那麼將他帶入婚姻可能會對他奢侈的生活方式有所節制，並幫他集中精力於家族事業。

與政客和政府監管者聯姻也是一個好辦法。古往今來，許多家族企業都與當地或國家政要有關係，這種現象在世界範圍內都很普遍。一項研究表明，與政治圈有關的企業占全球資本市場的七%之多（也可能低估了，因為很難獲得有關政治關係的資訊）。即使在美國，很多參議員和眾議員也都是各類企業的董事會成員。

很明顯，政客需要從企業所有人那裡獲得資金支持；反過來，通過支援政客，企業所有人也能享受到各種福利待遇，如減稅、補貼、獲得貸款和獲悉政府發展計畫，甚至被保護不受競爭對手的干擾。這些都是新興市場中的實質性好處，因為在新興市場，對私有產權的制度性保護相對較弱。

政治人脈可以以多種形式呈現：制度性人脈，其中政客是家族企業的股東或領導；網路型人脈，其中CEO或董事會成員通過以前的工作與政治結緣；家族型人脈，其中與企業負責人關係密切的家族成員在政壇活躍；金融型人脈，其中企業進行政治捐獻建立的人脈。

我們尚不清楚哪些家族企業從政治人脈中獲益最多，印尼前總統蘇哈托的家族企業集團很可能是正確答案。

在蘇哈托統治期間，印尼很多大型商業集團都受蘇哈托家族控制，其中包括蘇哈托子女控制的畢曼特拉集團（Bimantara）和Citra Lamtore。其他像Nusamba、三林（Salim）和巴厘托太平洋木材公司（Barito Pacific）的企業也控制在他的長期盟友手中。憑藉與蘇哈托的關係，這些集團從中獲利頗豐，幾乎是從無到有發展成印尼最大的企業集團。在蘇哈托在位的最後幾年，這些企業的股票價格浮動和他的健康狀況息息相關。當有傳聞說他的身體狀況惡化，股價就立即遭受重創，而且跌幅比其他印尼商業集團大得多。

印尼前總統蘇哈托

SUHARTO INC.
SPECIAL REPORT

A Talent for Business

Sector	Cash and assets acquired by the family over 30 years (in billions)
Oil & gas	$ 17.0
Forestry & plantations	$ 10.0
Interest on deposits	$ 9.0
Petrochemicals	$ 6.5
Mining	$ 5.8
Banking & financial services	$ 5.0
Indonesian property	$ 4.0
Food imports	$ 3.6
TV, radio, publishing	$ 2.8
Telecommunications	$ 2.5
Hotels & tourism	$ 2.2
Toll roads	$ 1.5
Airlines & aviation services	$ 1.0
Clove production/distribution	$ 1.0
Autos	$ 0.46
Power generation	$ 0.45
Manufacturing	$ 0.35
Foreign property	$ 0.08
TOTAL:	$73.24
CURRENT HOLDINGS:	$15.0

Source: TIME, in consultation with five independent experts

蘇哈托出生於日惹特區（Yogyakarta）一個貧窮的小村莊。父母離婚後，他由養父母帶大。在日本侵佔印尼期間，蘇哈托加入日本組織的員警軍隊，後轉入印尼軍隊。在印尼獨立之後，他即獲得少將軍銜。一九六五年九月三十日，蘇哈托領導的軍隊進行「反共」清洗，約五十萬人被殺，同時蘇哈托從印尼建國總統蘇加諾（Sukarno）手中奪取政權，於一九六七年成為印尼總統。三十多年後，由於金融危機席捲亞洲，他於一九九八年被迫下臺。

一九九九年五月，據《時代雜誌》亞洲版估計，蘇哈托家族的資產總值達七百三十億美元，其中包括現金、股票、公司資產、房產、珠寶和藝術品，詳見上圖中右邊的資產清單。據說在這些資產中，有九十億美元被存在澳大利亞的一個銀行中。蘇哈托家族控制著印尼約三萬六千平方千公尺的房產，其中包括雅加達十萬平方公尺的豪華辦公樓和東帝汶近四〇％的土地。在透明國際組織的腐敗領導榜單上，蘇哈托位居榜首，而且被指在其三十一年的總統任期內，挪用了一百五十億至三百五十億美元公款。他兒子和同母異父的兄弟都被定貪污罪，但是蘇哈托本人始終沒有被定罪，即使法院已提出對他的指控。

二〇〇一年一月六日，一群泰國商業大亨贏得大選，以塔克辛．欽那瓦（Thaksin Shinawatra）為首的領導團隊上臺執政。當時共有十三個商業大亨參加泰國議會的競選，最後全部獲選。其中九位背後有塔克辛的支持，被稱為「塔克辛關聯企業」。塔克辛和他支持者的商業興趣很廣，但主要集中在像電信和ＩＴ這樣的新科技行業。在塔克辛政權實行的一系列改革中，「塔克辛關聯企業」是直接受益者，其中包括在電信行業對外國人設立准入壁壘，修改現有的特許經營權合約並對塔克辛所有的企業泰國衛星通信公司（Shin Satellite）進行稅收減免。所以，「塔克辛關聯企業」在塔克辛執政期間的業績相當出色。

在所有國家、所有商業文化中，政府和監管部門人脈的價值都不可估量。在中國，商人若想獲得被政府控制的資源，就得得到不同級別官員的庇護。和大多數新興市場一樣，除非和當地政府官員或國有銀行有關係，否則中國商人很難獲得銀行貸款。在印度、非洲和其他制度薄弱、腐敗盛行的國家，政界人脈對家族企業也同樣重要。

印尼企業與蘇哈托狼狽為奸，泰國企業與塔克辛同流合污，這樣的案例並不少見。世界上許多商業大亨都成為政府工作人員，如中國香港的董建華、匈牙利的費倫次・久爾恰尼、烏克蘭的尤利婭・季莫申科、黎巴嫩的拉菲克・哈里里、義大利德爾西奧維爾・貝盧斯科尼和加拿大的保羅・馬丁。毫無疑問，從與頂級政客的聯絡中，家族企業可以獲益，但是這些是否是比較極端的例子？或者說，從這些例子中就我們能斷定政治人脈就必定是有利的嗎？有沒有可能政治人脈對企業根本沒用？

為了回答這個問題，我們根據國際腐敗監督組織「透明國際」的資料，造訪了世界上最不腐敗的國家——丹麥。在丹麥，我們預估了與鄉鎮地方政府建立人脈的重要性（以避免總是集中在高級政要）。出乎意料的是，我們發現當地政治人脈對中小企業確實非常重要。與無政府人脈的企業相比，與政府聯繫緊密的企業業績表現要好很多，因為當地政府給予合約可以顯著提高它們的利潤。

無論在印尼、泰國、美國、丹麥或其他國家，和政府建立人脈都有益於企業的發展。甚至在那些不受腐敗影響而且民主制度很完善的國家，政治人脈對大中型企業都是強大的家族資產。它不僅可以幫助家族企業提高市場份額，與國有部門簽下更多更大的合約，還可以獲得資金支持。

在一些國家，政界人脈甚至可以保護家族企業不受競爭者的困擾，並在企業陷入財務困境時拉它一把。

然而，我們在這裡有必要強調，企業依賴政治人脈終究要付出代價。利用政治人脈，家族企業就要冒政治風險。有朝一日與企業聯手的政治領導人失勢或下臺，而他們的繼任者卻與競爭企業合作，這時企業面臨的就不是特惠待遇，而是歧視。如果企業的大部分收入是通過政治人脈獲得，則政壇的變動對企業來說或許就是一場大災難。

政界人脈也不是百利而無一害。有時候政客為了推進自己的利益，會迫使企業從事一些無利可圖的活動。例如，據記載，在法國，政治人脈可以提高企業的市場份額和保有量，但卻不一定能提高它們的效益。原因是政客會給這些企業施加壓力，讓它們雇用更多勞力以實現他們降低失業率的目標。所以說，政治人脈可能提高企業收益，卻同時也可能吞噬企業的利潤。

我們並不是說所有的企業家都是為了自身利益才從事政治活動。相反，我們相信，很多商業人士進入政壇是因為他們想要為社會做出一點貢獻。大部分人堅信，他們在私有企業的經驗可以對公共領域產生積極的影響。中國香港的霍英東就是這樣一個例子。

霍英東——香港

霍英東是棄商從政的傑出代表。他在香港富豪榜上排名第八位，在全球排名第一八一位。他的商業興趣廣泛，涵蓋了餐飲業、房地產、賭場和石油。二〇〇六年，霍英東在北京去世，享年八十三歲。

霍氏家族企業的一個典型特徵就是和中國政府的密切關係以及他們對香港地區政壇的參與和影響。這要從朝鮮戰爭開始說起。當時聯合國實施武器禁運，但霍英東還是冒險向中國大陸提供武器和其他軍用物資。一九七八年，中國實行改革開放，霍英東是第一批在大陸投資的商人。他對中國大陸持續的貢獻贏得了中國政府的信任和好評。最終，他不再僅僅只是一名商人，憑著自身的實力，他成為了中國的知名人物。一九九三年，他當選為第八屆全國政協副主席。

他在中國政府的角色為他在香港地區創造了巨大的影響力。媒體曾報導說，是霍英東將董建華推薦給江澤民作為第一屆香港特區行政長官的人選。

另一個對國家做出巨大貢獻的商業大亨是韓國現代集團的創始人鄭周永（Chung Ju-yung）。鄭周永出生在朝鮮一個貧窮的小山村，二十二歲時才搬去韓國。通過自身的努力，他最後成為韓國最傑出的商人之一，直至二〇〇一年過世。在他的職業生涯中，他不斷向朝鮮投資，即使要冒很大的政治風險而且沒有什麼經濟利益。有關鄭周永最有名的一個事蹟就是他穿越非軍事區悄悄給在饑餓邊緣徘徊的朝鮮人民運送了一千零一頭牛。

擴展閱讀

Amore, Mario Daniele, and Morten Bennedsen. The Value of Local Political Connections in a Low-Corruption Environment. Journal of Financial Economics 110(2), 387–402, 2013.

Bennedsen, Morten, Robert J. Crawford, and Rolf Hoefer. Hermes. Case Pre-Release version, INSEAD, Fall 2013.

Bertrand, Marianne, Francis Kramarz, Antoinette Schoar, and David Thesmar. Politicians, Firms and the Political Business Cycle: Evidence from France. Working Paper, 2007.

Bunkanwanicha, Pramuan, Joseph P.H. Fan, and Yupana Wiwattanakantang. The Value of Marriage to Family Firms. Journal of Financial & Quantitative Analysis 48 (2), 611–636, 2013.

Bunkanwanicha, Pramuan, and Yupana Wiwattanakantang. Big Business Owners in Politics. Review of Financial Studies 22(6), 2133-2168, 2009.

Cadbury, Deborah, and Morten Bennedsen. Cadbury - The Chocolate Factory: Principled Capitalism (Part

1) and Sold for 20p. (Part 2). Case Pre-Release version, INSEAD, Spring 2013.

Faccio, Mara. Politically Connected Firms. American Economic Review 96(1), 369-386, 2006.

Fan, Joseph P.H., T.J. Wong, and Tianyu Zhang, "Politically Connected CEOs, Corporate Governance, and Post-IPO Performance of China's Newly Partially Privatized Firms", Journal of Financial Economics 84(2), 2007, 330-357.

Fisman, Raymond. Estimating the Value of Political Connections. American Economic Review, 91(4), 1095-1102, 2001.

本章重點

- 家族特殊資產是家族專用資產，可以幫助家族為企業做出獨特貢獻。價值觀導向領導對大部分家族企業來說是不可或缺的，政界人脈也一樣。
- 在每個文化背景下，家族企業都有一定的聲譽、地位和影響。簡而言之，家族特殊資產是普遍性的，無論企業規模如何、處在什麼行業或國家。
- 家族特殊資產在家族內傳承容易，但向外部所有人或經理人轉移難，因為子女一出生就繼承了家族的姓氏，並在成長早期就受到文化、宗教和家族價值觀的薰陶。

- 人脈網路因人而異，但家族企業家可以通過社會和家庭活動將其人脈「轉移」給子女。
- 明確家族特殊資產是理解家族可以提升企業價值的關鍵。因此，家族企業長遠規劃的第一步就是思考家族有哪些特殊資產，這些特殊資產的作用如何。

下一章我們將探討家族企業面臨的路障。這些阻礙家族興旺和企業繁榮的路障是我們長遠規劃框架的第二支柱。

第三章

路障

路障是企業家在經營過程中遇到的各種障礙。本章我們將介紹家族企業普遍會遇到的特殊路障，並說明移除這些路障如何費時費力。與其他類型的企業相比，家族企業遭遇的路障通常又大又棘手。有些路障全球的家族企業都會遇到，有些則因商業環境、文化甚至國別的不同而不同。要使企業長久，家族應該預見未來可能遇到的路障並想方設法避開它們。

圖3.1將影響家族企業的最常見路障分為三類：家族路障、制度路障和市場路障。有的路障會一直存在，有的則會因家族、市場和制度環境的變化而出現。如果放任不管的話，每一個路障都有可能危害、甚至摧毀一個原本可以成功的企業。家族只有通過深謀遠慮才能克服它們，並借此保有所有權和控制權。

家族路障

企業家族的成員每天都在享受著工作和家庭生活的樂趣，並攜手迎接企業運營中的挑戰。在上一章我們提出，家族特殊資產是家族對企業的獨特貢獻，也是制定競爭商業策略的基石。然而，如果家族給企業發展製造路障，或者個人衝突捲入工作中，攜手工作的滿心希望不久就會變成失望。

企業的成功最終還取決於企業家和他／她家庭成員的素質和動力。共同的紀律意識和奮鬥動

圖3.1 常見路障

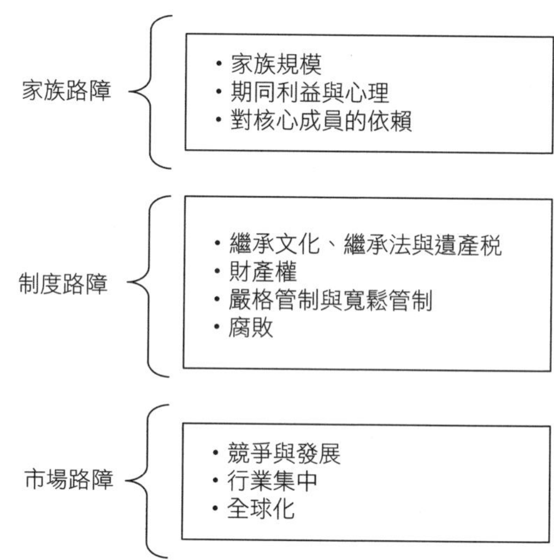

機對企業的早期成功至關重要。企業家族成員不像受薪雇員，他們不受勞動合同的約束，但卻受一些規範、傳統和行為準則的制約。這些制約支撐著家族的等級制度以及獎懲體系。但是他們的付出和努力並不一定就能帶來好的結果。家族可以促使企業成功，也可以製造路障，比如企業領導人的身體惡化、家族成員的婚姻亮起紅燈、家族規模或財富分配發生變化等。這些方面任何一個大變化都會影響企業的持續經營並打破家族成員之間的隱性合約，比如當傳承之後家族成員需要重新協商。

家族發展——人多心雜

家族的最基本形式就是生物和社會成分的結合，這兩種成分都可能轉變為路障。在生物方面最明顯的就是，家族人口會隨著時間壯大，因而企業會在一代代的傳承中受到「人多心雜」的影響。

在大多數文化中，父母都喜歡將財富在子女中平均分配。當家族資產和企業發展綁在一起時，企業所有權會在不斷增加的家族成員中稀釋。這種稀釋的趨勢往往因為諸子均分的繼承法而愈演愈烈。

讓我們先通過一個例子說明一些與家族壯大有關的路障。這個例子就是丹麥的百年老木料場沃爾丁堡，它展現了世界中小型家族企業普遍都會遇到的一種路障。

沃爾丁堡木料場

沃爾丁堡木料場創建於一百多年前，當時沃爾丁堡還是丹麥的一個重鎮。一九一二年，當地商人菲力浦．布羅森（Philip Brorsen）買下了木料場，他曾經是一名海關官員。第一次世界大戰以後，木材市場蓬勃發展。二十世紀二〇年代的財務報表顯示，木料場的利潤超過了九千美元，而當時木料場的勞動力成本還不到三百美元。作為一名獨資經營者，布羅森一夜暴富，而他的家族也成為社會棟樑。

布羅森有三個兒子、兩個女兒。自一九三〇年始，他的身體狀況開始出現問題。於是他把長子漢斯．克利斯蒂安從法國召回，並任命他為木料場的總經理，當時就在家族企業工作的二兒子卡伊卻被安排管理鋸木廠。漢斯在芬蘭接受了有關木材貿易的教育，並在法國擔任「木材專家」，但他卻沒有任何管理家族企業的意願。他的夢想就是成為一名工程師，並在丹麥的省級城市拓展自己的事業，僅此而已。他的弟弟卡伊卻截然相反，卡伊一直夢想著繼承父親的事業，接過家族的火炬管理家族企業。兩兄弟都對自己被分配的角色不滿，所以他們的關係開始惡化。

老布羅森試圖化解兩個兒子之間的衝突，但卻以失敗告終。二十世紀三〇年代初，兩兄弟對企業的控制權你爭我奪。在這過程中，他們的勢不兩立給企業員工帶來了無盡的困擾。所以，老布羅森一康複就立即開始插手木料場，在菲英島為卡伊買了一個山林，而讓漢斯繼續負責管理木料場。

如同許多家族企業一樣，沃爾丁堡木料場的所有權在那一百年間不斷被稀釋，儘管最終它還掌握在布羅森家族手中。在家族的第二代，木料場由老布羅森的四個孩子共同擁有。二十世紀六、七〇年代，當第三代開始持股，企業所有權被進一步稀釋。二〇〇五年，企業由二十一個家族成員共同持股，最大的股份為一三％左右，幾年後家族就退出了企業經營。最終，家族第四代很多成員持有的股份不到二％。

在上述的例子中，由於家族壯大而導致的所有權稀釋給布羅森家族帶來了很多路障。首先就是手足之爭造成的損失。儘管老布羅森插手干預，但卡伊和漢斯仍然沒法一起工作。因此，家族同意木料場由一人管理，但即便如此，兩兄弟之間的摩擦仍長達幾十年，期間他們各自管理的企業持續出現不同的問題。

第二，從家族第二代起，參與家族企業經營的成員與不參與的成員之間的比例就開始顛倒。當時老布羅森的一個女兒威脅說，如果不讓她套現（滿足她奢侈生活的開銷），她就要「將其股份賣給牛奶商」。漸漸地，大多數持股成員開始施加壓力，要求增加紅利，還要賣掉企業，而少數參與日常經營的「局內人」卻希望減少開支以鞏固財務狀況為企業未來的運營和投資做準備。

第三個路障來自家族對管理層和董事會的干涉。第一次繼承糾紛後，家族決定一山只能容一虎。為了挑選未來管理人，家族竭盡全力確保董事會顧及家族所有分支的利益。

沃爾丁堡木料場的例子向我們展示了家族人口繁衍如何使家族企業的三大元素土崩瓦解，即家族、所有權和管理權。在由創始人領導的企業中，這三個元素緊密相連，但是當家族繼續分枝散葉，它們就開始變得支離破碎。所有權可能在家族成員中分散，甚至落到外部投資者手中。管理權也是如此，甚至兩種情況都可能發生。但是當所有權和管理權的分離越來越明顯，尤其在家族第二代，那些擁有所有權但沒管理權的成員人數就會超過兩者皆有的成員。這時，外部小股東和非家族管理者的比例將增加。

家族人口壯大會帶來的四大常見路障如下：

分紅與發展的矛盾。在發展初期，企業資源稀少，所以沒人指望分紅。企業的主要精力集中在為未來投資提供資金支援，以確保企業的穩定和發展。這時不太可能出現利益分歧。然而，一旦參與企業運營的家族成員比例下降，形勢就會發生翻天覆地的變化。對於那些參與企業運營的成員來說，重點工作就是鞏固並壯大企業，所得利潤應該用於再投資而並不是進行分紅。與此同時，那些「外人」在意識到他們自己和後代都不會享受到任何金錢或其他利益後，就開始反對不分紅的做法，並主張企業利潤應該進行分紅而不是用於再投資。

如果企業資金充足，那它可以試著在盈利年後發放紅利。但是有一位家族管理人曾經告訴我們，「這往往是問題的開始！」為什麼呢？因為如果沒有發放紅利的先例，家族成員從來不會有所指望。但是第一次發放之後，他們就意識到這樣做可能也不會影響資金的穩定流動，就會開始指望發放紅利，尤其是當紅利的數額大到足以改變個人的生活水準。

家族壯大過程中的所有權結構設計。所有權稀釋是家族壯大的必然結果。如果所有權稀釋會威脅他／她的權力，甚至導致企業被蓄意收購，這時企業創始人（或管家）就要考慮是否以及如何將所有權集中在家族手中，如將控股股份轉移給積極的家族成員，而只給不參與的成員象徵性的股份。然而，這種明顯的不公平可能會引發不滿，並造成衝突。的確，如何通過所有權結構設計應對家族的壯大是家族企業都會遇到的主要路障之一（詳見第五章）。

有效的企業治理與家族所有權稀釋的矛盾。企業在發展兩三代後，在分散股權與有效經營和戰略決策之間保持平衡就變得更困難了。比如，當企業和家族開始分離時，家族如何發揮其影響力？如何設計管理層結構以確保企業戰略得到有效的實施？企業董事會的最佳結構和構成是什麼樣的？家族是否應該設立自己的董事會與企業董事會協作？

在家族企業的職業發展規則。企業家族成員的參與和職業發展需要規劃和溝通。我們經常遇到年輕人不清楚父母（尤其是固執的父親）對自己的期望。他們不知道什麼時候該參與，應該做什麼或他們該如何規劃自己在企業的職業生涯。在大型企業家族，家族成員之間可能會相互競爭，也可能不允許外人擔任高級職位。如果沒有公平透明的參與規則和明確的職業路徑，企業會面臨重大的挑戰。

在不損害企業利益的前提下，家族可以壯大至什麼樣的規模？事實上，它可以很大也很成功，大到出乎我們的意料。還記得我們第一章探討的穆裡耶茲家族嗎？穆裡耶茲家族現有七百八十名成員，其中近六百名都持有家族投資公司的股份，而他們企業的歷史才一百年。據我們所知，世界上最大的企業家族是比利時的楊森家族（the Janssens），他們創辦了化工巨頭索爾維（Solvay）。據說在楊森家族，大約二千至二千五百名成員共用著家族的資產，其中大部分以企業的股份形式存在。

對於新興市場的年輕家族企業，他們很欣慰地看到，即使企業有幾百位股東，家族也可以一直精誠團結。一個法國大家族的成員告訴我們：「真正的挑戰是要如何壯大到一百人；這個實現後，團結的力量就大於分離的力量。到那時，大多數或所有家族成員都有其他的事業，家族則成為額外力量的來源。」

家族衝突

家族可以為企業的成功做出獨特的貢獻，也可以引發衝突，影響企業的發展。大多數父母都想讓孩子贏在起跑線上，而且企業在他們生活中佔據重要位置，所以他們就夢想著孩子有朝一日能與他們在企業一起開心工作。他們通常會為對企業經營有興趣的子女尋找合適的職位，理想的情況是給每個孩子提供平等的機會以便他們施展抱負。對於那些彼此相親相愛的子女，這種做法無論對於個人還是企業都是有利的，但是大多數情況下，子女間不同的性格和想法會使工作關係變得很緊張。

為了得到父母的認可，子女自然會互相競爭以期望在企業獲得成功，因為他們的父母把畢生的精力都奉獻給了企業。如果幾個子女將企業作為戰場以贏得父母的認可，那衝突絕對不可避免，而且家族和企業都要為此付出代價。

維持家族和睦的主要挑戰之一就是如何讓每個子女都「為自己的夢想而活」，同時又不影響企業的發展。世界上有很多家族未能在子女夢想和企業發展之間找到平衡，如美國的普里茲克家族（Pritzker）、德國的保時捷家族（Porsche），印度瑞來斯實業公司（Reliance）的安巴尼（Ambani）兄弟和中國澳門賭王何鴻燊的家族。

企業創始人通常會將自己的意志強加給家庭。他們的個性很強，在企業和家裡都能呼風喚雨。如果子女敢質疑他們的判斷（無論對任何領域的判斷），那簡直就是自討苦吃。事實上，創始人的威懾力和他／她所形成的傳統往往會繼續對第二、三代的家族成員造成影響。

在沃爾丁堡木料場的故事中，第三代成員蒂姆．布羅森（Tim Brorsen）擔任企業CEO多年。他告訴我們，在家族第四代以前，布羅森人總能找到辦法協調各自的利益，即便有時他們會進行激烈的爭論。在他看來，只有尊重企業創始人，家族成員才會願意做出讓步並著手解決個人和企業的問題。布羅森家族第三代所有成員的童年都有老布羅森的記憶，因此他們很欣賞他所做的工作和成就。第四代成員沒有親自接觸過老布羅森，只在牆上的照片見過他，所以對他們而言，他只是家族故事中的一個傳奇人物。一旦缺少對企業創始人的尊重，家族成員就不願意做出妥協。對蒂姆來說，這是二〇〇七年家族決定賣掉木料場的關鍵所在。

核心成員的重要性

企業創始人和家族管家會對企業的發展居功至偉。和多人持股企業中的核心人物相比，他們更是無可替代，只因為他們掌握著家族特殊資產，而這對外部經理人來說非常困難。但是他們也會很脆弱，主要表現在兩個方面：他們是否有健康的身體和充沛的精力持續經營企業、他們是否知道何時該退位讓賢。

健康

二〇〇五年，香港長江實業集團的創始人兼董事長，亞洲最富有的李嘉誠不幸生病住院，時年七十七歲。就在他住院期間，其上市旗艦公司的股價暴跌。很明顯，投資者覺得他還是集團的關鍵資產，所以如果他不幸辭世，集團的發展將會堪憂。幸好他後來康復了，企業的狀況也隨之好轉。如今，李嘉誠仍然領導著他龐大的商業帝國。

有很多有能力的人白手起家，並將企業發展至全國乃至世界數一數二的位置，但他們健康的重要性卻經常被低估。由多人分散持股的企業可能會「管理」這種風險並將此提上董事會的議程，家族企業卻很少在上面花精力，這確實很出乎意料。然而，忽略以下這些簡單的問題可能要付出巨大的代價：

- 企業對核心成員的依賴性有多強？
- 面對這些核心成員的重大疾病或死亡時，企業可以成功應對嗎？
- 有什麼辦法可以減弱這種危機對企業的影響？

商業帝國的負責人意外離世，像這樣的例子並不少見。阿根廷第二大建築集團的領導人法蘭西斯科．諾維托．蘇塔迪．萊內斯（Francisco Norberto Soldati Láinez）駕駛大眾POLO轎車不幸遭遇車禍身亡，享年五十一歲。秘魯的銀行老闆兼金融企業家卡洛斯．羅德里格斯．帕斯托爾．蒙多查（Carlos Rodriguez-Pastor Mendoza）六十歲時心臟病突發，搶救無效死亡。黎巴嫩總理，也是其國內最富有的商人拉菲克．巴哈．埃爾．迪恩．哈里里（Rafic Baha El Deen Al-Hariri）被暗殺，時年六十一歲。科威特最大商業集團CEO兼董事長納賽爾．阿爾．卡拉菲（Nasser Al-Kharafi）在酒店因心臟病發作而過世，享年六十七歲。德國以其名字命名的房產企業董事長斯蒂芬．施羅胡貝賽歐（Stefan Schrghuberceo）於四十七歲時突然離世。香港最大的房地產集團——新鴻基地產集團（Sun Hung Kai properties）CEO兼董事長郭德勝（Kwok Tak-Seng）心臟病突發死亡。這些意外離世都對當事企業造成重創，究其原因，是由於它們都尚未做好企業領導人退出的準備。

為了衡量企業在面對核心人物的健康狀況惡化時有多脆弱，家族成員會受到多大的打擊，研究人員對大量家族企業做了調查。基於五千多名CEO的死亡資料和其親密家庭成員（子女、配偶、父母和岳父母）的資訊，他們發現這種悲劇會對企業的發展產生嚴重的影響。

當企業CEO不幸辭世，家族企業的業績會下跌近三〇%，這足以讓一個中小型企業的盈餘消失殆盡。雖然有跡象表明四年後企業業績會反彈，但CEO離世所花費的成本卻極其高昂，尤其是尋找接班人的成本。研究還發現，CEO直系親屬的死亡，特別是子女或配偶，也會產生很大的影響：在悲劇發生之後的幾年，企業業績會下跌一〇%左右。

企業負責人的死亡對其家族或企業無疑是一個沉重的打擊。但有趣的是，他們一些小的健康問題也會引發恐慌，繼而對家族企業產生不良的影響。通過對幾千份中小企業CEO的住院記錄進行分析，我們發現即使他們在醫院待的時間很短，企業的業績也會受影響。一兩天的住院幾乎沒有影響，但如果住院時間超過五天，則當年以及下一年企業的業績會大幅下滑。如果企業CEO住院十天，則經營業績在第一年下滑四%，第二年下滑二%。

雖然有證據顯示，核心人物的缺失會對企業構成一個大挑戰，但是大多數家族企業都不以為然，他們忽視了這一事實：核心人物的健康危機是一個重大的路障，而且會威脅企業的生存。

堅守陣地還是退位讓賢

世界上最長壽的老闆

邵逸夫出生於一九〇七年，是目前世界上最長壽也是任期時間最長的老闆。二〇一〇年，時年一〇三歲的他終於宣佈退休，並讓七十九歲的妻子接任他香港上市公司TVB（無線廣播公司）董事長的職位。

二十世紀五〇年代，邵逸夫與他三哥成立了邵氏兄弟電影公司，該公司是新中國成立後中國電影行業的先驅。他的成功是幸運、努力和創新結合的產物。幸運是因為他的主要競爭對手在他職業生涯早期不幸因空難喪生；努力是因為他直至遲暮之年還積極參與企業的運營；創新是因為他率先在電影裡加入了中國傳統戲曲黃梅調和功夫元素。

二十世紀六、七〇年代，邵逸夫的電影帝國勢不可擋，幾乎壟斷了中國的電影市場。然而，二十世紀八〇年代，中國電影市場開始滑坡，他的企業也深受其害。由於當時的年輕人不喜歡傳統風格的電影，所以邵氏兄弟於八〇年代末停止了電影生產。於是邵逸夫轉戰電視界，並於一九八〇年成為香港TVB的老闆。他領導的TVB再次壟斷了當地的電視節目。

在中國，邵逸夫因其對教育和災難援助的捐助而聲望甚高。他給中國的教育機構總共捐助了幾十億港幣。今天，中國的大學校園有五千多棟逸夫樓，香港中文大學還設有邵逸夫學院。此外，他還創辦了邵逸夫獎，這相當於亞洲的諾貝爾獎。

邵逸夫一生共娶過兩任妻子。他和髮妻黃美珍育有兩兒兩女，但是他們並未子承父業，所以他的企業沒有明確的繼承人，他的第二任妻子也沒有孩子。由於邵逸夫沒有制定繼承計畫，有傳言說TVB將售賣給大陸的一個地產大亨，但這沒有成為現實。二〇一一年，TVB最終被出售，當時邵逸夫已經一〇四歲高齡了。二〇一四年一月七日，邵逸夫辭世，享壽一〇六歲。

在過去的一百年間，邵逸夫是亞洲最有影響力最受敬仰的企業領導人之一，也是最大的慈善家之一。他為娛樂界和電影市場做出了巨大的貢獻。然而，無論從家族還是從外部，他最終未能找到一個人繼承他的傳媒和娛樂遺產。諷刺的是，二〇〇六年，九十八歲的他因肺炎住院，但是TVB的股價卻隨即暴漲了近二〇％。對邵逸夫的疾病，TVB投資者非但沒有做出消極反應，反而第一次感受到了改變的希望。

企業領導人退位的路障在全球許多成功的家族企業中都經常存在。無獨有偶，二〇一二年四月，九十七歲的阿諾德．馬士基．麥肯錫（Arnold Maersk McKinney）——世界上最大航運公司馬士基（Maersk）的老闆——去世時，公司的股價上升了七％。馬士基生前一直致力於父親創

圖3.2　家族路障的主要挑戰

家族壯大	家族和睦與心理	核心成員的重要性
・發展與分紅 ・所有權結構設計 ・企業治理 ・職業發展	・衝突管理與家族治理	・人力資源管理 ・鞏固地位

辦的航運公司。在他的領導下，公司成為全球航運業的佼佼者。雖然他在幾年前卸任馬士基的CEO職位，但他還是家族基金的董事長，也是這個上市公司最大的股東。從股市對他辭世的反應來看，馬士基的股東一定覺得這是做出改變提升企業價值的好機會。

圖3.2總結了有關不同家族路障的主要挑戰。家族成員是企業的關鍵資源，但他們也會帶來額外風險。所以，企業長遠規劃的關鍵目標在於制定合理的機制以減少潛在的衝突、優化現在和未來的投入，從而降低克服路障的成本。

制度路障

企業家要不斷和所處的制度環境做鬥爭。籠統地說，制度為所有的人類互動設定了規則，也因此給企業帶來了挑戰。制度環境指一個國家實施的法律法規，它會影響人與人之間的互動。它可以指特定的法律法規，從廣義上來說，也可以指對投資者的保護或腐敗程度等等。換言之，它是形成商業環境的文化。例如，如果一個國家腐敗盛行，私有企業將很難發展，而且如果企業稅負沉重，它們將很難吸引新投資。

我們將重點關注制度環境會如何影響家族企業。比如，繼承法使家族企業得以有序代代相傳。在私人財產保護薄弱的國家，家族企業處於優勢地位，因為家族成員之間相互信任，家族成員與股東之間也培養了信任，所以企業運營的成本就比較低。然而在某些情況下，制度安排還是會影響家族企業的發展。

在更廣泛的探討制度路障如何影響家族企業發展之前，我們先瞭解一下文德爾鋼鐵王國，以及文德爾家族在三百年的歷史進程中是如何在變幻莫測的環境中克服嚴峻的制度挑戰的。

三百年的路障——文德爾鋼鐵集團的歷史

一七〇四年，身為陸軍軍官之子的讓・馬丁・文德爾（Jean-Martin Wendel）買下了阿揚日（Hayange）的魯道夫（Rodolphe）煉鐵廠。阿揚日是法國東部洛林地區一個小鎮。文德爾和他的兒子查理斯（Charles）充分利用當地的鋼鐵和木材資源，將阿揚日的煉鐵廠打造成十八世紀洛林地區最大的鋼鐵企業。十八世紀八〇年代，查理斯的兒子伊格納斯（Ignace）在勒克魯佐（Le Creusot）創辦了法國技術最先進的煉鐵廠。

法國革命推翻了統治法國多個世紀的君主制封建制度。在這期間，文德爾家族的一個成員被判處死刑，其他大部分成員逃離法國。但查理斯的遺孀卻沒這麼做，她留下來管理煉鐵廠，直至一七九五年新政府將它沒收。同年，伊格納斯因過量吸食鴉片在維也納去世。

一八〇三年，拿破崙赦免了逃離法國的罪犯。伊格納斯之子弗朗索瓦．文德爾（Francois de Wendel）結束他的逃亡生涯，並開始重建煉鐵廠。當他於一八二五年去世時，WendeletCie已是法國第三大鋼鐵生產企業。一八七〇年，WendeletCie成為法國最大的鋼鐵企業，雇用工人七千名左右，每年生產生鐵十三萬四千五百噸，鑄鐵十一萬二千五百噸。

一八七〇年法國被普魯士打敗後，洛林被德國兼併，此後近五十年間都是德國的領土。但是，文德爾家族成員和工人都留在法國。第一次世界大戰期間，鋼鐵廠被德國人沒收。一九一九年，隨著《凡爾賽和約》的簽訂，工廠漸入佳境，此時洛林回歸法國。

一九四〇年法國被德國佔領後，文德爾家族被德國人趕出洛林，工廠易手他人，一些廠房被拆除，一些被搬到波西米亞。

法國戰役後，企業員工人數僅為戰前的三分之一，行業前景慘澹。一九四六年，法國的煤礦被收歸國有。一九四九年，文德爾家族最後一任煉鐵廠管理者弗朗索瓦二世．文德爾（François II de Wendel）去世。雖然仍由家族控制，但文德爾鋼鐵企業已開始沒落。

一九七八年，一場動亂重創了歐洲的鋼鐵製造行業，整個文德爾鋼鐵王國被無償收歸國有。

幾乎沒有一個家族企業能像文德爾鋼鐵王國那樣在這麼多戲劇性的制度路障中存活。在他們的一位祖先因法國革命犧牲後，大部分家族成員開始逃離法國。此後他們就開始在德國和其他地方發展，而企業仍然駐紮在法國的東部邊界洛林地區。拿破崙統治期間，商業環境開始好轉，文德爾家族成功將煉鐵廠收回。由於他們經營有方，煉鐵廠蒸蒸日上。一八七〇年至一八七一年期間，普法戰爭爆發，洛林被割讓給德國，家族的境況開始發生翻天覆地的變化。當時企業部分歸德國所有，而大部分家族成員和勞動力卻在法國。一直到第一次世界大戰結束後，文德爾家族和企業才在法國再結合，洛林也於一九一九年回歸法國。然而，局勢又因第二次世界大戰的爆發和一九四〇年納粹佔領法國而扭轉，文德爾家族公司再次被德國人佔有，直到一九四五年才收回。

文德爾家族的起起落落令人驚心動魄。很少有家族或企業會遇到如此難以應對的路障並成功渡過難關。當然，無論企業類型如何，戰爭和革命都會影響企業發展，但是文德爾家族不一樣。即使家族和企業分離，可他們不但能將企業收回，還能繼續進行經營。

一九七八年，文德爾家族已有三百位成員。在年輕的恩斯特—安東尼·塞利埃（**Ernest-Antoine Seillière**）的領導下，家族決定不再經營鋼鐵廠，而是繼續創業，雖然此時家族財富已大大減少。隨即他們就創辦了文德爾投資公司（**Wendel Investissement**），並投資於鋼鐵廠。二〇〇五年左右，文德爾投資公司上市，市值超過十億歐元。

同時，文德爾家族也成了世界上最大的企業家族之一。如今，文德爾控股公司（**Wendel**

文德爾家族在洛林起步的煉鐵廠

Participation）持有大約三八%文德爾投資公司的股份，旗下有一千多位家族成員。

戰爭與革命對任何一類企業而言都是巨大的路障，但是家族企業往往從中倖存的能力最強。日本的法師溫泉旅館在第二次世界大戰中也遭受重創。旅館負責人法師善五郎告訴我們他的父母是如何在五年沒有旅客入住的情況下生存。出於對員工的責任，他們僅僅是把旅館大門關上，並在五年之內一直供養著旅館的員工，與他們相依為命。他們當時的做法確實很有遠見，對於一個已經運營了一千三百年的旅館來說，五年時間只是一個很短暫的低迷時期。

在一些國家，有些法律和政策絲毫沒有考慮到對商業的影響，這時家族企業就會面臨制度路障。其中最典型的例子或許就是中國的獨生子女政策。為了控制人口增長，家庭的規模也被控制了。除了農村、少數民族和沒有兄弟姐妹的父母之外，一對夫妻只能生育一個孩子。這項政策於一九七八年公佈，一九七九年起就開始執行。官方資料顯示，三五．九%的中國人口受到了獨生子女政策的管制。

雖然該政策旨在減輕社會、經濟和環境問題，但中國政府並沒有預見它會對商業造成什麼樣的後果——這或許和八〇年代時根本沒什麼私人企業的大環境有關。據官方估計，從一九七九年至二〇一一年，獨生子女政策限制了四億人口的出生。國內外對該政策的實施方式頗有爭議，它常常被指成是中國性別失衡的罪魁禍首。

中國的企業格局在許多方面都和其他亞洲國家不同。在過去的十年間，新一代企業家創辦了數百萬的家族企業。但是他們之中很多人現在面臨退休的問題。由於獨生子女政策，較之亞洲其他國家，中國企業家族的子女人數要少得多。還記得臺灣台塑集團的創始人王永慶嗎？他有十二個婚生和非婚生子女。而在中國大陸，大部分家庭只有一兩個孩子，這給企業繼承帶來了很大的挑戰。尤其是如果那個唯一的孩子對企業不感興趣，或者在經營管理方面沒有能力，那企業繼承就更成問題了。這種繼承人的缺乏對如今的中國家族企業而言無疑是一個重大路障。

遺產稅、繼承文化與繼承法

沒有一個企業家喜歡納稅，但各式各樣的稅務還是壓得他們喘不過氣來。企業所得稅就是其中一種，它會阻礙企業增長，所以企業會投入很多資源來做稅務籌畫。家族企業在這方面亦然，特別是有些稅給家族企業帶來的負擔尤為重大。

遺產稅就是專門針對家族企業的稅種，它是對死者留下的財產（金錢財富和不動產）徵稅，納稅人是繼承遺產的死者親屬。遺產稅的歷史悠久。最早有記載的遺產稅可以追溯到西元前二七年至西元一四年羅馬的奧古斯都大帝，當時只對遺囑裡提到的財產徵收五％的稅，但是死者的祖父母、父母、子女、孫子女和兄弟姐妹均不用繳納。

遺產稅因國家而異。比利時、芬蘭、法國、德國、愛爾蘭、義大利、挪威以及荷蘭都在徵收遺產稅。但是近幾年，一些國家和地區已經對遺產稅停止徵收，其中包括澳大利亞、奧地利、加拿大、丹麥、香港、印度、以色列、紐西蘭、俄羅斯、新加坡和瑞典。美國的一些州也已停徵了遺產稅，如猶他州、新罕布什爾州和路易斯安那州。

遺產稅影響著財富的轉移，並對企業家是一個沉重的負擔。富有家族通常用其現金資源繳納遺產稅，並將剩餘的財富在家屬中分配。但是許多企業家族的財富都被套在企業運營中。因此，如果他們有繳納遺產稅的義務，如稅率達一〇％至二〇％，則他們可能得對企業的一部分財產進行清算，而且要搭上所有的現金，所以他們將遺產稅視為一個路障並不足為奇。

在許多國家，針對企業繼承的法律都有漏洞。一個典型的條款就是對企業在家族內繼承提供優惠待遇，以便下一代的傳承。一九九四年，歐盟委員會（European Commission）向成員國提供了一條建議，以支援中小企業的代代傳承，建議如下：「歐盟委員會要求成員國確保家庭法、繼承法和財政補償的支付不會危及企業生存，如果發生財產繼承或贈與，則應減少對企業財產的徵稅」，以及「遺產稅須從企業的流動資產和固定資產中徵收」。

企業所有人可以通過許多方法減少該繳納的遺產稅，這也催生了稅務律師和顧問這種行業。由於我們的目的不是提供這方面的指南，所以將在下一章探討稅務會如何影響所有權的結構設計。現在，讓我們看看遺產稅如何阻礙家族企業的發展，並會產生什麼樣的後果。我們先從希臘談起，希臘近幾年才剛停徵對企業繼承的遺產稅。

二○○二年，希臘政府停止徵收家族內企業繼承產生的高額遺產稅。研究表明，在以前的徵稅政策影響下，如果企業剛經歷家族內所有權繼承，則它所進行的投資在繼承時驟降超過了四○%。高額遺產稅也屢遭譴責，因為其妨礙家族繼承，影響總資產的增長並消耗現金儲備（估計用於納稅）。有人認為，對投資的影響要歸因於家族的資金緊缺，因為企業投資和增長所需的資金都流向了政府。

除了稅務，繼承法可能是個更大的路障，雖然每個國家和地區所實施的繼承法各不相同。在某些國家，仍然只有兒子才能繼承企業或者獲得大比例股份。其他國家則規定所有子女都可以得到相同數額的股份，無論他們對企業的貢獻如何。在一些國家，法律禁止財富不均勻分配。例如在義大利分配給任一名子女的，其所得到的最小份額都比在美國高得多。這種法律限制了所有權向下一代的集中轉移，所以構成了一個路障。研究人員表明，法律對財產繼承的限制會影響家族企業的業績和投資模式。

勞動力管制

如果家族企業在運營中對當地網路和文化的依賴程度過高，勞工問題對它們而言就是一個重大路障。著名的積木公司樂高（LEGO）大約於一百年前在丹麥一個名為比倫德（Billund）的小村莊創辦。自二十世紀七〇年代起，樂高開始走向國際市場，也正是從那時起，它面臨了一個高成本的挑戰。樂高積木是便宜的塑膠製品，所以企業主要在塑膠、精確模塑和創意設計方面投入。當時大多數工業公司都已將生產重點轉向勞動力廉價的國家，如亞洲國家，但是鑒於在比倫德的強大社會聯繫，樂高頂住了將生產重心移出丹麥的壓力。樂高在那段時期舉步維艱，但是「故鄉」的情感牽絆使它很難將生產移至其他地區。

最終，樂高將局勢扭轉，並大大提高了在全球範圍內的市場份額。如今，樂高在丹麥的比倫德仍有製造工廠，但在匈牙利和墨西哥也開展模塑業務。積木裝飾和包裝業務則在丹麥、匈牙利、墨西哥和捷克共和國的工廠進行。樂高集團預計，它在半個世紀裡生產了大約四千億塊積木。目前的年產量平均為三百六十億塊左右，相當於每年向世界上每一個孩子提供十五塊積木。

對勞動力的管制會導致一系列勞工問題，使企業很難且須付出高昂的成本雇用或解雇員工。勞動力管制因國家而異，所以我們研究的目的是看看家族企業受勞動力市場管制的影響有多深。

比如，解雇成本的高昂使得裁員的代價也很大，也讓企業很難適應商業環境的變化。從積極的方面來說，對勞動者的保護可以提高他們為企業奉獻的積極性，企業也會因此留住他們。嚴格的勞動力市場管制也會給新企業設置壁壘，同時成為現有企業（大部分是家族企業）壟斷的籌碼。

我們通過研究了解到，在勞動力市場管制薄弱的國家，家族企業有相對的業績優勢，主要是因為他們善於管理股東，而且有一支更忠誠的員工隊伍。由於在管制較鬆的勞動力市場，員工流動性較小，而企業和員工的和諧關係又可以幫助家族企業降低成本，所以家族企業的優勢很明顯。

讓我們以一個例子結束勞動力管制這個話題。在這個例子中，勞動力市場管制以一種完全不同的方式阻礙家族企業的發展。

南非的黑人經濟振興法案

黑人經濟振興法案（BEEP）由南非政府頒佈，旨在通過向弱勢群體（黑人、有色人種和部分華裔）提供經濟機會，打破由於種族隔離造成的不平等格局。該法案包含了平等就業、技術發展、股權、管理控制、社會經濟發展和優先採購等方面的一系列措施。

自一九九四年新政府（非洲國民大會，Africa National Congress）執政後，南非長達幾十年的種族隔離歷史終於宣告結束。由於種族隔離政策青睞白人企業家，新政府上臺後就決定對資產和機會分配進行直接干預，以縮小由種族隔離政策造成的貧富差距。黑人經濟振興法案規定，每個企業都要經歷以下幾個方面的評定：

組成部分	權重（百分比）
股權	20%
管理控制	10%
平等就業	15%
技術發展	15%
優先採購	20%
企業發展	15%
社會經濟發展	5%

勞動力和商業管制以多種形式呈現，進行管制的動機也不盡相同。南非的種族隔離政權下臺後，新政府非洲國民大會決定給所有群體提供平等的經濟機會。為了解決多年的種族歧視問題，非洲國民大會必須通過更有效的激勵機制鼓勵白人企業招收非白人員工，以此推動經濟和社會發展。於是，非洲國民大會開始實行黑人經濟振興法案。法案設立了一個評分卡對企業進行評定，既反映了非白人群體在企業管理、股權和發展中的參與程度，也反映了企業在為更廣泛的南非群

體創造經濟和社會機會方面所做出的努力。得分高的企業將在政府招標中佔優勢，它們會因此得到相應的採購合同。

在種族隔離盛行的年代，許多企業都由白人家族控制所有。對他們來說，黑人經濟振興法案也是一個路障，因為很少有企業願意放棄企業的控制權或大量股權。然而，如果他們不能證明已將股權分配給更多南非公民，他們開展業務的機會將會受限。為了應對這個困境，很多白人家族重新對股權結構進行設計，如在證券交易所將企業上市或對員工的股權設限。

財產權

維護財產權不能僅依靠相關法律規定。在一些國家，私有企業會得到更好的保護，如在美國和英國，企業所有人受到強大的法律保護。然而在肯亞，原則上財產權受保護，但是由於執法力度薄弱、腐敗盛行，企業家若沒有人脈關係，企業就很容易面臨阻礙。

簡而言之，在執法力度越薄弱的地區，企業運營越困難。企業和員工、供應商、管理層、客戶和政府之間的合約是企業的運營基礎，但是如果違反這些合約沒有任何懲罰措施，它們就沒有約束力，這就給企業創造了一個重大路障。

由於家族企業的員工主要是家族成員，不需要那麼多合約，所以它們的表現可能更好（至少不差）。它們更多靠的是信任，而不是法律。所以如果財產權不牢固限制企業發展，家族管理是一個辦法。

下面將講述中國甘肅省一個龍頭民營企業的故事，即以中國第二大河流黃河命名的啤酒企業——黃河集團。這個故事表明了盲目信任外部管理人員要付出巨大的代價。集團創始人第一次決定任命一個外人管理，但後來卻給企業帶來了一場大災難。這個職業經理人利用創始人對她的信任，將鉅款和股權轉移到了她所控制的外部企業。

黃河集團（中國）

黃河集團（Huang He Group）是甘肅省最大的商業集團之一。甘肅是中國西北部的偏遠地區，也是中國啤酒釀造行業的中心。黃河集團由楊紀強於一九八五年創辦。在創辦初期，黃河集團還僅僅是一個鄉鎮企業，這是中國早期的私有企業形式。楊紀強兼任黃河集團的董事長和CEO，他的四個兒子也為企業效力，所以這是一個家族企業。

當楊紀強決定將企業上升至一個更高的層次——引進職業經理人時，他想到了王雁元。當時王雁元是當地的一個報社記者，她曾經為楊紀強組織了一場成功的宣傳活動。他對王雁元的表現印象深刻，所以任命她為副總經理。上任之後，王雁元很快得到了老闆的信任。一九九九年，黃河集團的旗艦公司蘭州黃河企業股份有限公司上市，王雁元負責所有上市細節，如召集董事會成員等。首次公開募股給黃河集團帶來了三億元的現金。因此，王雁元也成為黃河集團副董事長兼新上市公司的CEO。

其實在王雁元加盟黃河集團不久，她就和其家庭成員成立了一連串公司。一九九七年至一九九九年間，王雁元進行了一系列交易，成功將黃河集團的資產和現金挪至她的那些公司。其中最引人注目的就是將黃河的控股股權（近二千萬）以每股一．二元的價格售賣給她父母控制的一家北京公司，遠低於黃河每股資產淨值的五．〇五元。

很顯然，楊紀強信錯人了。在王雁元還沒被開除時，她竟然在公司內部發動了一場「政變」，之後便前往北京。一九九九年十一月，楊紀強和王雁元分別在蘭州和北京召開董事會議。雙方各執一詞，都要求控制黃河集團。在北京召開董事會議期間，王雁元被員警逮捕。

國美集團的情況類似。國美集團是中國最大的電子零售商。二〇一一年，當國美集團董事長黃光裕因非法經營、內幕交易和行賄鋃鐺入獄時，職業CEO企圖利用稀釋其股權和董事會的投票權控制國美集團。幸好，黃光裕在家人的幫助下在獄中成功將局面控制住。

這些例子顯示出，不能輕易相信外部管理人員，尤其是在財產權保護薄弱的環境。在這種環境中，忠誠比能力更為重要。

雖然大部分外部管理人並不都像黃河集團和國美集團中的外部CEO那樣做出企業篡權的行為。但是他們可以用多種不同的方式出賣雇主，如冒過度的風險、投資不足、逃避責任、給自己多付報酬等。這些「越權」行為在世界各地都會發生，但是在企業財產權保護薄弱的地區，外部管理人員有時會給企業造成更大的損失，因為他們受法律的約束力較小。

研究人員發現，在財產權保護完善的國家，企業所有權比較分散，而在財產權保護薄弱的國家，企業所有權比較集中。無論國家是否願意提供幫助，如果將所有權集中，即將企業運營的成本和效益侷限在家族範圍內，家族保護其財產的動機就更強烈。

腐敗

政治機構是立法或執法、調解衝突、制定政策、進行交涉的機關。當一個國家政治機構強大，制度就更透明、更穩定。在這種國家，當選的政治人物要承擔起為社會謀福利的責任，進行資源配置時也得時時想著社會的利益。如果一個國家政治機構薄弱，政界人士都是利己主義者，那他們很可能貪污受賄，並受特殊利益集團操縱。

從這個角度來看，政府就成為企業成功的一個重要決定因素。政府監管和政策決定了關鍵資源配置的方式和物件，關鍵資源包括土地、能源、原材料、資金等。例如，歷史上，中國有重農抑商的傳統。商人的地位往往比官員、農民，甚至工人的地位還低，而且還因各式各樣的盈利活動飽受批評。沒有政府的眷顧和保護，企業很難成功。

就資源配置而言，若企業生產力高並通過打敗競爭對手而得標，官員和政界人士可能會選擇與之簽訂合同。但是他們也可能因為忠誠、意識形態正確、識時務或行賄這些因素而輕易與企業競爭對手簽訂合同。因此，要想獲取資源，企業家就要明白遊戲的規則，並按規則玩遊戲。

腐敗會對企業活動產生深遠的影響。在腐敗的情況下，資源配置原則通常與法律／社會規範相悖。腐敗的政客往往偏好不透明的特殊關係。企業的競爭優勢不在於生產力高，而在於與不懷好意又不公正的官員打交道的能力。如果說薄弱的機構會給所有私營企業製造路障，它們同時也會給家族企業挖掘人脈的餘地，特別是我們在第二章談及的政界人脈。

我們已經探討了最重要的制度路障。下頁圖3.3即總結了與這些重要路障相關的主要挑戰。

市場路障

市場的變化會創造新的機遇，但同時也會帶來新的挑戰。如果企業善於利用市場變化，則它們就會因此繁榮發展，但如果在這方面不擅長，則可能就會被掃地出局。換言之，市場的變化會影響所有企業，但是對家族企業的影響最大。

圖3.3　制度路障的關鍵挑戰

繼承法、文化和稅收
- 傳承模式設計
- 所有權稀釋和有效的企業管理

財產權
- 財產權不牢固時如何保護投資和企業

勞動力管制
- 如何對員工忠誠並提高成本效率

腐敗
- 如何在腐敗的環境中運營企業
- 如何充分利用家族特殊資產，如家族信任與監管政界網絡

我們已經見證了文德爾家族如何克服革命和戰爭帶來的路障，因此成就了歐洲最大的鋼鐵集團。當時他們其實還面臨兩大市場路障，企業也因這兩大路障而遭受沉重的打擊。第一個市場路障源於二十世紀六〇年代末七〇年代初鋼鐵市場的變化，主要是來自勞動力成本低下國家的競爭。當時文德爾家族和歐洲鋼鐵行業的其他企業一樣，面對這個挑戰束手無策，因此於一九七八年被收歸國有，與其他鋼鐵廠殊途同歸。第二個市場引發的路障來源於二〇〇八年的全球金融危機。當借貸的成本飆升時，文德爾家族剛好完成他們在一家法國公司的第一次杠杆投資。短時間內，他們購買的股票價格暴跌，使企業近八〇%的價值消耗殆盡。

如果家族企業抗拒市場變化，則市場路

障可能會給企業帶來毀滅性的後果。下面的例子說明了在失去制度保護、暴露在市場競爭力量的情況下，香港家族銀行是如何飽受摧殘的。

香港家族銀行的風雲沉浮

香港大多數華資銀行都在一九四六年至一九四九年期間起步。新中國成立後，很多富有的中國家族和商業大亨帶著資金移至香港。一九四八年銀行法案頒佈時，香港政府頒發了一百四十三張銀行執照，大量華資銀行由此應運而生。

一九七八年，香港政府開始授權外資銀行進入香港。結果，銀行業競爭愈發激烈，給家族銀行帶來了意想不到的挑戰。為了維持競爭力，它們需要資金進行擴張，因此很多銀行開始上市。然而，由於募資，家族所有權被稀釋，很多家族甚至最終將銀行的控制權拱手讓給外部人員。如今，香港只有少數銀行由家族控制。

隨著對銀行市場管制的解除，傳統關聯式借貸開始失去優勢，專業服務和形象變得更為重要。剩餘的家族銀行要麼適應這種變化，要麼只能被收購。例如，二〇〇六年，廖創興銀行撤掉廖氏家族的姓，更名為創興銀行。此舉是為了減弱其家族銀行的形象，除了滿足當地客戶的需求，同時也創造一個年輕時尚的形象，以便進入中國的新市場。

當家族投入的價值下降而對職業管理的需求增加時，中國銀行開始從關聯式業務向市場競爭轉型。如果家族不能順利實現轉型，就會被競爭對手所取代。當家族所有權被稀釋，家族銀行就會成為收購的目標，如二〇〇九年被招商銀行收購的永安銀行、曾受到馬來西亞一個家族企業集團惡意收購威脅的東亞銀行，以及二〇一四年被新加坡華僑銀行收購的永亨銀行。

因行業而異的市場變化

第二次世界大戰以前，美國大約有一千八百家小型地方報紙。一直到二十世紀五〇年代，三分之二的報紙仍由家族所有。然而五年後，美國僅剩十二家家族報紙，而傳媒集團佔據了報業市場一半左右的份額。

由於技術、讀者群的變化與新聞全球化，傳媒行業的結構發生了急劇的變化。印刷技術和閱讀習慣的革命給大部分中小型家族傳媒企業帶來了巨大的挑戰。它們想繼續控制企業，但卻需要資金擴張，而投資者則希望以投資換取在企業運營上的發言權。

只有那些成功得到資金實現擴張，並保有對企業控制權的家族最終倖存，其中包括奧克斯・蘇茲貝格的《紐約時報》，還有諸如魯伯特・默多克之類的後來者。

對中小型企業而言，發展往往是一個重大路障。根據我們的經驗，很多創始人或家族第二代運營的企業規模依舊很小，因為企業已經停止發展。這種企業面臨三大挑戰，而這三大挑戰密切相關。第一個挑戰就是創始人沒有進一步發展企業的野心。我們聽說過很多家族企業發展到一定程度之後，創始人（或繼承人）就無心前行，或許他們僅僅滿足於實現當初創業時的願景，不願意繼續發展。

第二個挑戰就是對改變的恐懼。如果要繼續發展，企業勢必要做出改變。為了實現擴張，企業需要到其他地方開拓新市場，或將生產從企業發源地轉移至成本低廉的國家，如中國、越南和柬埔寨，或將熟練工人更換為掌握不同技能的新員工。

第三個挑戰就是企業負責人的時間管理。很多家族企業的運營模式高度集中，企業負責人要參與日常經營的各方面。他們控制欲強烈，而且享受著成功的狀態，從來沒想著設計一個正式的組織結構。由於每一件事都有賴於他／她，所以他／她得把全部時間都投入到企業的日常運營中。他們沒時間作長遠規劃，也看不到改變戰略或運營方式的需要。企業發展因此陷入停滯。

讓我們舉最後一個例子結束這方面的探討。這個例子將表明市場變化會對奢侈品行業的家族企業造成怎樣的影響。我們已經知道，奢侈品行業僅由幾個別家族主導著，幾個世紀以來，他們以高品質的產品在業內站穩腳跟。一直持續到十八世紀九〇年代，歐洲幾乎佔據了整個奢侈品市場，當時，皮革製品生產商愛馬仕或書寫用具製造商輝柏嘉可以輕而易舉地在巴黎或瑞士郊區生

圖3.4 市場路障的關鍵挑戰

競爭與發展	行業集中與全球化
・發展與控制 ・野心、改變與組織	・應對全球化 ・應對行業變化

產，並將商品送達瑞士、德國、法國或英國富有的顧客手中。然而，十九世紀以後，財富重新在美國聚集，所以許多歐洲小奢侈品公司必須想辦法滿足美國暴發戶對奢侈的無限追求。五十年後，市場再次發生改變。今天，大量財富開始在亞洲聚集，而且隨著石油危機的爆發，阿拉伯國家也開始積累巨大的財富。

對於奢侈品行業的老牌家族企業而言，改變傳統的行銷和銷售結構而建立全新的模式是一個真正的挑戰。即使新市場對奢侈品的需求空前高漲，現今的奢侈品行業結構已經受到很大的衝擊，這一點我們將在下一章討論。

我們已經探討了兩個最重要的市場路障，圖3.4即總結了與這兩大路障相關的挑戰。

研究過全球家族企業中最常見的路障後，現在我們來總結和這些路障相關的挑戰以結束本章的討論。

我們已經舉了幾個例子說明東西方國家的家族企業會面臨的路障。每一個路障都會對企業管理人和所有者帶來特殊的挑戰。很多路障會威脅家族企業的所有權。如果家族有很多成員，則所有權會被過

圖3.5　總結路障的挑戰

家族路障

家族壯大
- 發展與分紅
- 所有權結構設計
- 企業治理
- 職業發展

家族和睦與心理
- 衝突管理與家族治理

核心成員的重要性
- 人力資源管理
- 鞏固地位

制度路障

繼承文化、繼承法與遺產稅
- 繼承模式的設計
- 所有權稀釋與有效企業治理

財產權
- 財產權不牢固時如何保護投資和企業

勞動力管制
- 如何提高勞動力和成本效率

腐敗
- 如何在腐敗盛行的環境中經營企業
- 如何充分利用家族特殊資產，如家族信任以及監管和政界人脈

市場路障

競爭與發展
- 發展與控制
- 野心、改變和組織

行業性重組與全球化
- 應對全球化
- 應對行業變化

度稀釋。如果企業發展需要外部投資，家族控制權將來會受到威脅。如果遺產稅的負擔過重，家族可能得通過變賣企業退出經營。因此，在面臨重大路障時，家族企業往往要思考一下要不要對未來所有權結構進行設計。

擴展閱讀

Bennedsen, Morten, Hannes F. Wagner, Sterling Huang, and Stefan Zeume. Family Firms and Labor Market Regulation. Working Paper, 2013.

Bennedsen, Morten, Francisco Perez-Gonzalez, and Daniel Wolfenzon. Do CEO smatter? Working Paper, 2006.

Bennedsen, Morten, Francisco Pérez-González, and Daniel Wolfenzon. Evaluating the Impact of The Boss: Evidence from CEO Hospitalization Events. WorkingPaper, 2014.

Tsoutsoura, Margarita. The Effect of Succession Taxes on Family FirmInvestment: Evidence from a Natural Experiment. Forthcoming in the Journal of Finance.

本章重點

- 家族企業在發展過程中會面臨路障，其中很多路障在各個家族、企業、行業和國家中都很常見。
- 家族路障源於家族的壯大，以及成員或家族不同分支之間的利益分歧。
- 制度路障源於家族和企業所處的文化和法律環境。這些環境包括特定的監管和行政環境，以及更廣義上的影響家族和企業組織形式的宗教和文化環境。
- 市場路障源於產品市場、資金市場和勞動力市場的變化。
- 設計企業和家族治理結構的目的在於克服與特定組合路障相關的挑戰。

路障是家族規劃圖的第二大支柱。下一章我們將說明在明確家族特殊資產和路障的基礎上如何使用家族規劃圖進行有效的長遠規劃。

第四章

家族企業規劃圖

企業進行長遠規劃的重要性不容忽視。但是企業家的忙碌人盡皆知，他們起早貪黑，幾乎是一周七天連軸轉。在日常經營中，他們一直承受著巨大壓力，每天還要爭分奪秒地勞作，也難怪他們沒時間做一個二十年的長遠規劃。

然而，如果家族企業不做長期規劃，它們很難達成既定的目標，實現當初的願景。閉上眼睛想像一下你的家族和企業二十年後該何去何從。如果你想二十年後吃上蘋果，那你現在就得種蘋果樹了。種瓜得瓜，種豆得豆。從現在起你就必須做正確的事。

在隨後的幾章中，我們會提到很多沒有做傳承規劃的企業家族。有些家族即使已經做了規劃，在發現傳承模式有問題時，也已經太遲了。那時候他們才意識到他們當初應該種瓜而不是種豆。毫無疑問，家族企業所選的所有權結構和傳承模式會對企業和家族產生深遠的影響，尤其是如果它們最後被證明是錯誤的，那損失就大了。

本章我們將探討家族企業應該如何規劃未來的二十年，並建立符合自身發展的治理模式以實現它們的目標。我們將此稱為家族企業規劃圖或家族規劃圖。家族規劃圖可以指導家族對未來所有權和管理權進行結構設計，充分挖掘家族特殊資產的潛能，並降低克服路障的成本。如採用上文的比喻，它可以建議家族企業種什麼，如何進行栽培，以便將來收穫想要的果實。

家族規劃圖「三步走」戰略

家族規劃圖提出了一個「三步走」戰略：明確、規劃、培養。

第一步，企業家先明確自己的家族企業所處的位置，類似於種樹前的準備工作。這一步很重要，它意味著評估現有和未來的家族特殊資產和路障：家族特殊資產對現在和未來的經營策略能做出什麼樣的貢獻？將它們傳承給下一代的難度如何？還有，在目前和將來，企業發展面臨什麼樣的家族、市場和制度路障？

第二步，企業家要對傳承模式和相關治理結構進行規劃。家族規劃圖可以幫助他／她謀劃整體的傳承結構，並根據第一步所明確的，決定未來所有權和管理權。考慮到家族可以為企業做出獨特貢獻，同時會面臨家族、市場和制度路障，家族規劃圖將幫助企業家瞭解不同所有權和管理權結構可能帶來的機遇與挑戰。用比喻來說就是，家族規劃圖可以幫助企業家種該種的樹，以免種瓜得豆或種豆得瓜。

第三步，企業家要基於所選的傳承模式培養正確的治理機制。在具體規劃出來後，家族規劃圖會指出應該著重解決的問題。企業和家族治理的各方各面必須相輔相成，這樣兩者才能相得益彰。要做到這一點，企業家必須瞭解治理企業和治理家族不同方面之間的相互作用，以協調所有權結構設計、家族治理和企業治理，確保目標順利實現。換言之，他／她應該了解如何給種的樹苗澆水施肥，才能使樹苗茁壯成長。

第一步：明確

前幾章我們已經舉了很多與關鍵家族資產和路障有關的例子。如果家族有強大的特殊資產，家族成員就比較適合在管理層為企業效力，而重大路障會使企業所有權很難在家族手裡集中。因此，做任何長遠規劃之前，企業家都要先理性評估家族特殊資產和路障，預估它們在未來二十年會如何變化，同時企業家族要竭盡全力保全家族特殊資產，並逾越障礙。

在這個階段，我們的目標是合理評估家族企業的機遇和侷限：

- 對現在和將來的企業運營而言，哪些家族特殊資產最重要？
- 目前企業有何侷限？十年或二十年後，會出現什麼樣的侷限？
- 企業現在實行什麼樣的所有權和管理權結構？

在圖4.1中，家族企業位於右下角。這時，家族的所有權集中，他們的日常經營有條不紊。在這種情況下，企業面臨的路障很少。企業的發展不會影響到家族所有權，強大的家族資產表明，他們是企業最好的管理者。

圖4.1　家族規劃圖之明確

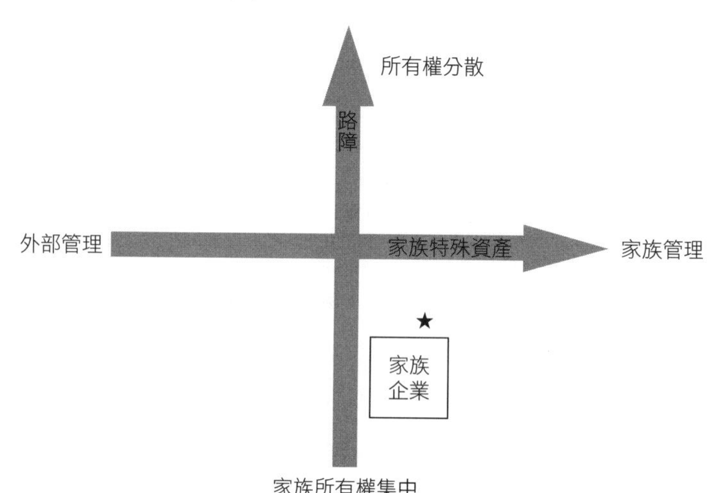

下表所列的問題是為了幫助家族明確他們的關鍵資產和路障。需要注意的是，這些問題因文化而異。沒有一套問題可以放諸四海而皆準，要看它們應用於中國、美國還是非洲。由於有的國家和文化之間有許多相似之處，所以這些問題也是個很好的出發點。

家族企業可以根據表4.1列出的問題自行檢驗有哪些家族特殊資產、資產的強大程度和可轉移性。這些問題應由企業主或熟悉企業的家族成員（一個或多個）回答，按照從〇到五的標準衡量家族特殊資產與家族和／或企業的相關度，〇為最不相關，五為最相關。

前七個問題的目的為了明確價值觀導向領導的戰略重要性。在問題一中，我們問及現任企業負責人的個人價值觀，以及這些價值觀對組織和運營策略的重要程度如何。如果這些價值觀是家

表4.1 明確家族特殊資產（由企業負責人或相關家族成員填寫）

家族特殊資產	價值觀	1	現任（所有人）管理人的個人價值觀是企業執行經營策略的一個重要因素嗎？	0----1----2----3----4----5
		2	家族是否有一套共同的價值觀？這些價值觀是否和現任企業（所有人）管理人的價值觀一致？	0----1----2----3----4----5
		3	家族有宗教信仰嗎？	0----1----2----3----4----5
		4	文化價值觀是企業制定經營策略的一個重要因素嗎？	0----1----2----3----4----5
		5	家族是否有強烈的家族價值觀？是否強調家族凝聚力和團結？	0----1----2----3----4----5
		6	企業的營運是否遵循強烈的道德價值觀，如守信、善待員工、客戶和供應商等？	0----1----2----3----4----5
		7	已明確的價值觀是否在家族下一代成員中已有體現，或容易傳承給他們？	0----1----2----3----4----5
	傳統	8	家族是否有一項獨特而持久的競爭優勢，如經營秘方或專業技能？	0----1----2----3----4----5
		9	公司策略是否建立在企業和產品傳統的基礎之上？	0----1----2----3----4----5
		10	企業經營策略是否依賴與客戶和供應商的長期關係？	0----1----2----3----4----5
		11	家族姓氏對企業經營策略的影響有多大？	0----1----2----3----4----5
		12	企業和／或家族歷史是否已成書或以某種形式出版，並擁有眾多讀者和觀眾？	0----1----2----3----4----5
		13	家族企業的傳統和名稱能否作為一項競爭優勢在一代延續？	0----1----2----3----4----5
	人脈	14	創始家族是否在政界或監管領域有很強大的人脈？	0----1----2----3----4----5
		15	創始家族是否有一個強大的商業網絡？	0----1----2----3----4----5
		16	家族是否和商業或政治望族有密切關係（通過婚姻或社會關係）？	0----1----2----3----4----5
		17	在企業所處國家的商業大環境，人脈是否起重要作用？	0----1----2----3----4----5
		18	企業是否處在一個監管和政界人脈非常有用的行業？	0----1----2----3----4----5
		19	家族是否會為人脈網絡投資？	0----1----2----3----4----5
		20	已有的人脈是否可以輕易傳承給下一代？	0----1----2----3----4----5

族企業的基石，則得分為五；如果它們對企業運營幾乎沒有影響，則得分為〇。問題二問及企業負責人和家族的價值觀是否一致。接下來的三個問題旨在明確價值觀導向領導的不同類型。問題三與宗教的影響有關──我們已經在第二章中看到宗教信仰對企業負責人的驅動力有多大。通過研究我們發現，如果宗教信仰已構成家族特殊資產的一部分，則家族會誠心誠意為了一個更高的目標努力，而不是為了信教而信教。問題四關乎文化價值觀。我們已經看到，中國、韓國和德國文化構築的強大商業平臺既適用於本國企業，也可以與其他文化背景相容。問題五的目的是為了明確家族導向價值觀的存在和作用，因為它們會影響家族作為一個團隊工作的能力，以及個體成員犧牲自己利益以成全企業利益的意願。

問題六涉及價值觀導向領導傳承給下一代的難易程度。我們已經研究了企業所有人與家族成員價值觀的一致程度，但這個問題強調的是企業所有人價值觀的可轉移性。企業所有人的價值觀可以滲透整整一代人，但在很多情況下，它們會逐漸消失或被丟棄。例如在中國，經營企業的重要傳統可以傳承給在本國長大的孩子，但是成功企業家通常將其子女送到歐洲或美國接受國際教育，結果這些傳統價值觀往往都隨著老一輩的消逝而消失。

問題八至十三評估了家族姓氏和傳統作為家族特殊資產的重要性。問題八問及企業的競爭優勢如何。我們發現，企業只有具備競爭優勢，才能利用家族姓氏和傳統作為戰略工具。問題九的目的是為了確定企業是否基於它的傳統制定競爭策略。在前幾章我們瞭解了漢諾基協會，該協會雲集了諸多歷史悠久的家族企業，它們的歷史均超過二百年，而且企業的歷史已成為它們商業策略的核心。他們銷售的不僅僅是歷史，還包括豐富的經驗和一流的品質，這些都為年輕企業遙不可及。

問題十強調了企業與客戶和供應商關係的作用，它們是另一種有助於企業制定商業策略的傳統。例如詩閣是香港的一家國際高端成衣企業，致力於為全球各地的顧客服務。如今，遍及全球的忠實顧客已成為詩閣制定獨特競爭策略的基石。詩閣的門店均坐落在各國的大城市，比如香港、紐約和倫敦等。

問題十一涉及家族姓氏的使用，即企業以手握控制權和管理權的家族之姓氏命名。這種命名策略對許多企業都很有效，如汽車製造行業標杆福特、豐田和標緻、輪胎製造商米其林等。一些老牌企業也不例外，比如已經傳承了七代的法國高端調料公司 **Thiercelin**。如果一個市場的商品品質參差不齊，假冒偽劣橫行，則商品名稱是品質的保障。顯然，如果企業能成功利用家族特殊資產，那它背後是什麼家族也無關緊要。例如，歐尚超市和迪卡儂體育用品零售店舉世聞名，但是經常光顧的大多數顧客卻並不知道它們背後的「穆裡耶茲」。

利用家族姓氏和傳統制定商業策略的一個方法就是竭力宣傳家族和企業的歷史。這就是為何問題十二問及家族或企業的歷史是否已經以某種形式出版。有些家族的歷史人盡皆知。以東亞的貿易公司怡和集團為例。怡和集團的歷史悠久，其背後的蘇格蘭裔凱瑟克家族在全球許多暢銷書中都有所描述，而且至少在一部好萊塢電影（《大班》，陳沖和布萊恩．布朗主演的一部美國冒險電影，影片於一九八六年十一月七日發行，片長一百二十七分鐘）中出現。

問題十三問及家族後代應該如何利用家族姓氏和傳統制定商業策略。家族姓氏和傳統是所有家族特殊資產中最容易傳承的。例如，法師善五郎正準備將他孫子推上第四十八代法師旅館管理人的位置。讓法師家族的成員接班可以確保這個傳奇小溫泉旅館的歷史和魔力得以延續。

最後一組問題關乎人脈的重要性。問題十四問及政界和監管人脈對企業的作用。無論在哪個國家，這些人脈都至關重要。假設一家超市連鎖店在哈薩克或肯亞運營，當地議會官員手中可能握有重要資訊，比如將來哪些地方可能會新建商場。如果企業的競爭對手政界人脈有限，提前獲悉城市規劃細節便能使企業搶佔先機。問題十五涉及籠統的商業人脈，而問題十六問及企業與商業和政治望族之間的社會關係。世界上頂級企業家族之間互相聯姻已司空見慣，因為他們可以藉此培養相互之間的信任並建立長期的商業夥伴關係。

問題十七衡量了人脈在特定環境中的巨大作用。在西歐，人脈在制定商業策略過程中用處頗大，但在亞洲一些尚未開發地區，以及像中國這樣具有特殊政治背景的國家，人脈是絕對必要的。問題十八問及家族如何在商業策略中區分人脈的重要性，而問題二十問及人脈傳承給下一代的難易程度。政商人脈不像家族姓氏和傳統，基本上不能從企業負責人完全轉移給繼承人。

如果企業家族將上述問題回答，則他們就可以回答第二章提出的結構問題，即：

- 家族可以為企業做出怎樣的獨特貢獻？
- 這種貢獻傳承給下一代的難易程度如何？
- 現有（也可能是將來）的商業策略對家族特殊資產的依賴程度有多大？
- 如何組織企業以提高家族特殊資產的商業價值？

回答這些問題後，企業家族就向未來規劃邁進了一大步。為了使家族規劃圖發揮更大的作用，我們建議將這三部分的得分分別相加，之後加總成家族特殊資產的總分。總分越高，就代表家族特殊資產作為戰略工具的重要性越高。一般而言，如果九十分是滿分，則超過四十五分就意味著家族特殊資產是企業現有商業策略的基石，也是企業運營的基礎。根據我們的經驗，如果根據不同的文化背景為問題設置不同的權重，應用價值則更高。

一旦掌握了關鍵家族資產的戰略重要性，我們就可以確定家族和企業面臨的路障。表4.2列出了評估現有與未來路障的問題，同樣是按照從〇到五評分標準（〇表示路障不構成制約因素，五表示路障對企業的現在或將來都是一個重大制約因素）。

根據路障的來源，我們將問題分為三組：關於家族路障的問題、關於市場／行業路障的問題、關於制度路障的問題。前七個問題與家族路障相關。問題一和二問及如果傳承規劃出問題或耽擱了，那麼再尋找並培養一個繼任者的難易程度。問題三問及家族在企業傳承問題上和其他商

表4.2 明確路障（由企業負責人或相關家族成員填寫）

家族路障	1	企業傳承是一個很迫切的問題嗎？	0----1----2----3----4----5
	2	家族是否缺乏人力資源或很難培養一個合適的經承人？	0----1----2----3----4----5
	3	家族成員之間是否缺少公開而又有益的溝通？	0----1----2----3----4----5
	4	家族的不同分支和成員之間是否有分歧？	0----1----2----3----4----5
	5	家族是否缺乏解決分歧的治理機制，所以家族成員不能達成一致？	0----1----2----3----4----5
	6	家族成員或分支在未來所有權結構設計上是否有利益分歧？	0----1----2----3----4----5
	7	家族成員或分支是否在分紅、投資或招聘政策上持有不同看法？	0----1----2----3----4----5
市場與行業路障	8	企業核心市場的發展機會是否有限？	0----1----2----3----4----5
	9	企業是否是資本密集型企業？它的未來發展是否很大程度上依賴外部資金，比如股票發行、銀行貸款，甚至民間借貸？	0----1----2----3----4----5
	10	企業是否處在一個競爭越來越激烈或正在轉型的行業？	0----1----2----3----4----5
	11	企業運營成本是否越來越高？	0----1----2----3----4----5
	12	企業是否缺乏創新和轉型能力？	0----1----2----3----4----5
	13	企業能否留任高端人才？	0----1----2----3----4----5
	14	當地勞動力市場受監管程度如何？勞工糾紛頻發嗎？	0----1----2----3----4----5
	15	企業發展是否受宏觀政策變化的影響？	0----1----2----3----4----5
制度路障	16	家族企業有沒有受特定法律法規的約束？	0----1----2----3----4----5
	17	遺產稅／繼承法是否限制了企業的繼任規劃？	0----1----2----3----4----5
	18	腐敗和財產權保護不力是否制約著商業活動？	0----1----2----3----4----5
	19	當地政府的干預是否越來越強？	0----1----2----3----4----5
	20	企業發展是否受政府主導因素和市場的約束？	0----1----2----3----4----5

業活動中的溝通程度，他們的溝通是開放包容的，還是僅限於一些核心家族成員，甚至根本沒有進行溝通？問題四指出了家族內的利益分歧和潛在衝突。問題五問及家族是否已經制定了治理機制，如家族會議或仲裁程式，以引導家族解決潛在衝突。問題六研究了家族關於所有權結構設計而產生的衝突，這種衝突可能會產生激勵效果，也可能會導致對立雙方相持不下。問題七涉及家族在投資、分紅和招聘政策等方面的分歧。當參與企業運營的成員和不參與的成員比例降低，即不參與的成員越來越多，這種分歧可能會激化。

接下來的七個問題明確了企業在發展過程中將面臨市場和行業路障。由於許多家族企業不希望改變創辦時的產品和市場，所以如果核心市場萎縮，它們會受到很大的影響（問題八）。問題九問及企業所處行業的資本密集程度，因為對許多家族企業而言，募集資金意味著將企業的控制權拱手讓給銀行或公開股票市場。問題十直指企業所在行業的趨勢。以全球的傳媒行業為例，該行業的許多家族公司都已被更強大的競爭對手收購。問題十一和十二的目的是為了明確家族企業保持競爭力的能力，即控制成本和持續創新的能力。最後兩個問題針對勞工問題，即企業對人才的吸引力如何，它是否有一個龐大的人才庫可以滿足招聘需求。勞動力市場慘澹對家族企業而言是一個重大路障，因為它們要考慮是否將生產轉移至成本低廉的地區。

最後一組問題與諸如宏觀經濟環境等的制度路障有關。問題十五問及企業對宏觀經濟變化的敏感度，以及企業所在國的政治經濟穩定是否有保障。問題十六問及影響家族企業運營能力的法律法規。我們已經在第三章中提到，中國的獨生子女政策和南非的黑人經濟振興法案雖然實行的原因不一，卻都對家族企業帶來了嚴重的後果。問題十七研究的是繼承法和遺產稅對家族傳承企業的影響。問題十八關乎腐敗和執法力度對家族企業的影響。這是企業在發展過程中面臨的最大制度路障之一。問題十九問及政府是否正在加強對企業的干預和管制，因而影響了企業發展。

回答這些問題後，企業負責人就可以對他們現在和將來面臨的挑戰有一個清晰的認識。在後面幾章中，我們將大量舉例來說明如何利用這些資訊明確並實施治理機制，以保護企業和家族。除了每個具體問題所反映的具體資訊外，我們還發現，所有問題的總得分可以幫助企業衡量路障的嚴重程度。一開始我們可以給每個問題分配相同的權重，如果企業所處的商業文化特殊，將權重不平等分配可能更有研究價值。

有關家族特殊資產和路障的問題清單可以為企業在家族規劃圖中的規劃和培養步驟作基本鋪墊。根據在家族特殊資產和路障問題中所得的總分，我們用家族特殊資產總分除以路障總分，可以得到一個「家族可持續性指數」。這個指數可以用於衡量家族特殊資產和路障的相對作用，以此反映家族企業永續經營的挑戰性。雖然家族可持續性指數只是個簡單的數字，但它可以作為強大的規劃工具，尤其是以相同文化背景中的其他家族企業為基準。

圖4.2 家族規劃圖之規劃

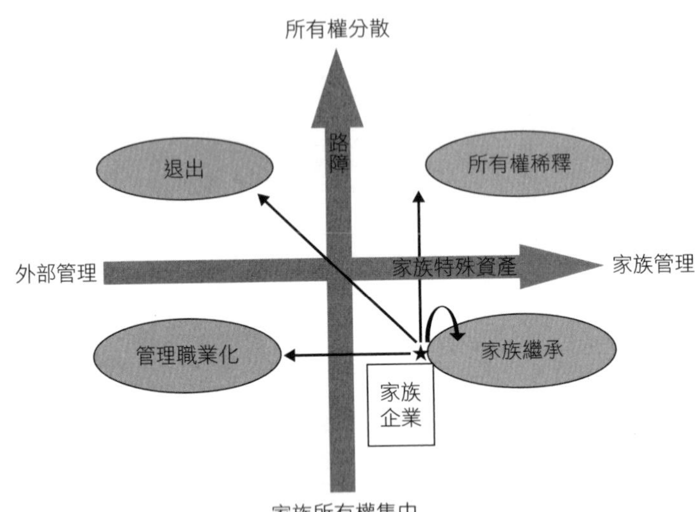

第二步：規劃

家族規劃圖的第二步將通過回答一個首要的規劃問題引導企業對所有權和管理權進行長遠規劃。這個首要問題是：基於現有和將來的家族特殊資產和路障，家族企業要實現長遠發展所需要的最佳所有權和管理權結構是什麼樣的？

家族規劃圖可以為企業負責人指明方向，引導他們以最短的時間獲得最長遠的成功。我們先從所有者經營的企業開始。在這種企業，所有權在家族內部集中，企業創始人或繼承人是高層管理者，這是最典型的家族企業，如圖4.2中的右下象限所示。要想通過所有權和管理權繼承來維持封閉的家族企業模式，家族必須將關鍵家族資產保存並傳承給下一代。由於強大的家族特殊資產可以助力企業制定成功的商業策略，所以將這些資產傳承給下一代的家族負責人至關重要。而且，企業負責人也應該考慮如何設計所有權和治理結構以減少路障。漢諾基協會的近四十個會員是全球最古老而又成功的家族企業，所以它們的位置應該在圖4.2的右下象限。

當家族特殊資產逐漸消失或不復存在，家族就應該在管理方面放棄控制權，並雇用外部經理人取代家族管理者。如果家族已經不能對企業做出特殊貢獻，則不妨向外部尋求說明，因為在這種情況下，外部經理人往往比家族骨幹能幹。如果聘用外部經理人，則企業的性質就由右下象限的「所有者經營模式」轉變為左下象限的「所有權管理權分開模式」。世界著名的傢俱連鎖集團宜家家居就是這樣一個例子，家族手中握有集中的所有權，但是高層管理的職位由外部經理人擔任。

對許多家族企業而言，家族特殊資產可以持續幫助家族制定成功的商業策略，但是路障不一樣。棘手的路障會使家族不得不選擇引進新投資，從而導致所有權被稀釋。在這種情況下，企業就由右下象限的「所有者經營模式」轉變為右上象限的「所有權稀釋模式」。怡和集團就是典型的代表。在這個歷史悠久的家族企業中，凱瑟克家族的每一代新成員都會涉足高層管理，但是家族所有權卻早已因公開募股而被稀釋。

有時候企業家族最終僅持有一小部分股權，但在管理層面依舊貢獻很大。例如，前述豐田家族僅持有豐田汽車不到八%的股份。面對高額遺產稅和資金需求，家族逐漸放棄了控股股權。但是因為家族在贏得客戶信任方面無可替代的作用，所以豐田汽車至今仍由豐田家族管理。在這點上，豐田家族並不是特例。日本的其他企業家族，如龜甲萬（Kikkoman）、鈴木（Suzuki）和佳能集團（CANON）背後的家族也控制著企業，但持有的股份都不多。

最後，如果家族沒有特殊資產或隨著新一代的上臺特殊資產逐漸消失，而且為了延續封閉的家族所有權模式將面臨無法逾越的路障，這時家族所有者／管理者應該考慮部分或全盤退出企業運營。如果家族不能做出任何獨特貢獻，或其所有權給家族帶來無盡的紛爭，又或企業小到不能作為一個獨立企業而存在，則家族有充分的理由準備退出事宜。若要退出，家族可以直接變賣企業，或持有少數股份。這種類型的企業則從圖4.2的右下象限轉移至左上象限。近年來，許多知名奢侈品品牌背後的家族，如唐納．卡蘭（Donna Karan）、寶格麗（Bulgari）和豪雅（TAG Heuer）等都已將企業出售給LVMH集團。

總的來說，我們可以用家族特殊資產和路障的總分來判斷企業應該屬於圖4.2中的哪個象限。如果家族特殊資產的總分低，那麼家族應該更多地依賴外部管理（向左移動）；如果得分高，就應該參與高層管理（向右移動）。如果路障的總分高，則家族應該尋求新的投資者（向上移動）；如果得分低，則我們建議家族可以封閉地經營企業（向下移動）。

第一步中所提到的家族可持續性指數可以反映家族企業延續傳統的能力。指數越高，族內繼承的可能性越高；指數越低，家族退出企業的可能性越高。家族可以通過三種方式退出：放棄所有權、放棄管理權或兩者都放棄。如果家族的可持續性指數很低，則它應該認真評估其特殊資產和路障並考慮最佳退出路徑。我們的經驗法則是：如果家族可持續性指數遠遠大於一，就屬於指數高；如果遠遠小於一，則屬於指數低。

長遠規劃的過程充滿不確定性，尤其是家族特殊資產或路障方面無法預見的變化。家族所有者／管理者應該定期評估這兩方面的變化，看是否會產生深遠的影響，或僅僅是意料之中的變化。在前一種情況下，家族應該重新研究家族規劃圖以適應變化。如果是意料之中的變化，家族可以制定策略應對短期的形勢，但不改變長遠規劃。無論是哪種情況，家族繼承都應循序漸進、靈活地制定計劃，但面對突如其來的路障，要穩健應對。

家族規劃圖對所有者經營的企業很有幫助，對其他象限的家族企業也同樣受用。例如，愛馬仕屬於左下象限的企業，因為非家族成員派翠克．湯瑪斯（Patrick Thomas）已經作為CEO領導了愛馬仕十幾年。愛馬仕對產品品質／歷史的重視人盡皆知，所以考慮到家族特殊資產在維繫這種運營模式的重要性，他們決定任命一個新家族成員接管高層的職位（移至右下象限）。類似地，豐田屬於左上象限，因為家族持有少數股權，而且企業本來就由外部經理人管理。但二〇〇九年豐田汽車的安全性能醜聞爆發後，豐田章男被任命為CEO來應對危機（移至右上象限）。

家族退出企業後，也完全有可能重新買回企業。在挪威的小港城市奧勒松（Ålesund），克列文（Kleven）家族已經全盤退出了他們祖父在兩次世界大戰期間創辦的造船廠。現在家族由幾個堂姐妹主導。最近，克列文家族竟然成功將造船廠買回，並使家族成為控股股東，還深入參與

圖4.3　家族規劃圖之培養

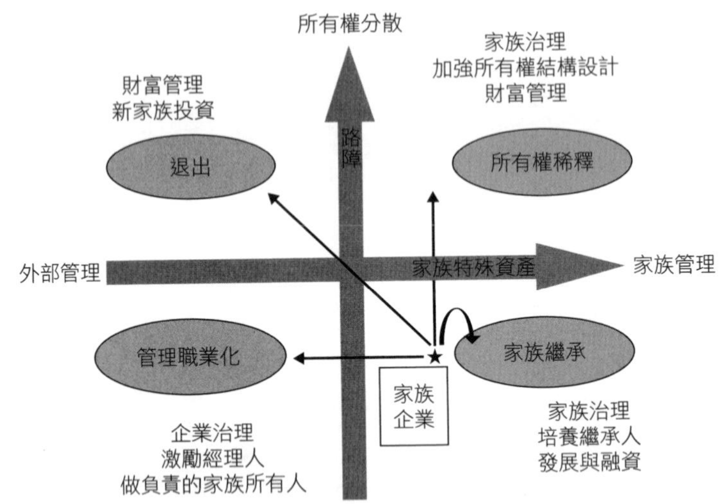

企業經營。圖4.2因此可以適用於所有家族企業，無論它們最初屬於哪個象限。

第三步：培養

通過第一步和第二步，我們已經決定種什麼樹並將其種在地裡，就等二十年後收穫果實了。然而，這還不能保證豐收。我們要對樹悉心照料，直到果實成熟。家族企業也一樣。一旦傳承模式確定，家族就需要規劃並執行具體任務，直至達成長期目標。

圖4.3中的每一種規劃路徑都在暗示企業該完成什麼樣的任務以培養正確的治理機制。

對於規劃族內繼承的家族企業（右下象限），家族的任務是培養一個家族繼承人並強化家族治理機制，使家族特殊資產得以共用和傳承。我們將在第六章探討封閉型家族繼承會帶來的四大挑戰，即培養傳承文化、傳承家族特殊資產、勝任和規劃。除此之外，我們還將說明家族應該如何應對這些挑戰，以使企業長期可持續發展。由於家族財富往往與企業運營緊密聯繫，所以財富管理在此不是重中之重。類似地，鑒於家族的集中所有權，諸如企業治理、外部投資者和外部經理人在此也不是重頭戲。

如果家族將企業決策權交給外部經理人（移至左下象限），則它應該激勵和監督經理人，並培養負責任的家族股東與之共事，集中精力強化企業治理。企業董事會的組織和構成至關重要，管理人員的薪酬和激勵機制也起著舉足輕重的作用。由於家族財富與企業運營掛鉤，所以財富管理可以先不用考慮。然而，在下面兩個象限的企業家族應該在家族內部設置所有權和控制權結構，以避開將來可能出現的路障。

如果家族選擇管理企業同時分散所有權（移至右上象限），它應該集中精力強化家族治理並培養有能力的家族繼承人為將來的接班做準備。所有權結構設計對這類家族必不可少，因為新投資者加入企業後，家族將會集中精力保持其控制權。我們在下一章將幫助這類家族尋找合適的所有權模式。當所有權被稀釋時，如何制定控制權強化和維持機制才是最重要的問題。財富管理也同樣重要，尤其是新投資者加入後，個別家族成員可以從企業外部積累財富。

如果家族決定變賣企業（移至左上象限），那它應該力圖將企業運營職業化，安排家族成員順利退位並招募有能力的外部經理人。此外，它應該設立董事會以強化企業治理，並提高工作彙報的透明度。一旦它給企業一個合理的定價，它就可以逐漸拋售家族股票，最終找到合適的買家。家族也可以借助諸如私募股權基金之類的戰略投資者來達到這一目的。我們將在第七章探討退出的幾個模式。

當然，家族退出後也要對其財富進行管理。因此，它應該制定一個財富管理計畫使家族資產得以充分利用。對富有家族而言，設立一個家族辦公室處理財富管理事宜、稅務問題及子女的教育問題是個不錯的選擇。家族退出後，設計企業治理結構和培養繼承人就顯得不那麼重要了。

這三步是家族規劃圖的核心。它們可以幫助家族制定長遠規劃，並選擇正確的發展路徑。但是，即使明確了正確的發展路徑，家族還得做很多培養工作。下面幾章的重點將放在所有權結構設計、企業傳承和退出，以此為家族提供一個「點子庫」和多種規劃工具。

家族規劃圖的其他用途

家族規劃圖不僅適用於運營企業的家族，如果個人、企業或組織機構有興趣分析某個家族企業的未來，家族規劃圖也是一個有力的工具。

假設一個資金充足的企業正在分析收購一個家族企業可能帶來的機會。在這種情況下，家族規劃圖有兩大用途。首先，根據家族企業可持續性指數，它可以暗示哪些企業可能即將出售。可持續性指數低的企業比較容易被收購。第二，它可以為企業談判提供有價值的資訊。例如，買家應該考慮到家族特殊資產很難或不可能轉移給企業的新老闆。第三，如果認識到家族所有權或管理權的延續會帶來哪些路障，買家在談判過程中就更有勝算，要麼以低價成交，要麼獲得更多有利條件。

現在假設一家私募股權基金正要對民營家族企業進行投資。在這種情況下，家族企業可持續性指數可以為它篩選潛在的目標企業。明確強大的家族特殊資產和路障可能是談判和設計投資結構的一部分，如給股權定價。因此，家族規劃圖也可以促進其他家族成員和私募基金之間的合作。如果家族有強大的特殊資產，則私募基金有必要讓創始人或其他核心成員積極參與企業管理並制定相應的激勵機制。在很多情況下，私募基金是實行治理機制方面的專家，無論是設計融資資金結構、緩解董事會成員之間的衝突還是協助市場擴張，它們都能減少其中的路障。

家族規劃圖可以幫助企業分析是否投資上市家族企業，它還可以提供結構化的方法說明企業分析與私人和機構投資相關的戰略機會與關鍵的治理挑戰。

企業分析師也可以利用家族企業可持續性指數大致衡量上市家族企業是否可以長期持續發展，並將此納入他們的投資建議中。類似地，政府和監管部門也可以利用這個指數對該國的家族企業進行「健康檢查」。對諸如歐盟、世界經濟合作和發展組織（ＯＥＣＤ）和世界銀行之類的多國組織而言，家族企業可持續性指數的用處也很大。它可以用於比較本國和其他國家家族企業的長期可持續性。此外，它也可以為制度改革提供法律法規方面的建議，並幫助制定國家計畫，以改善中小企業的商業環境。

從公開管道搜集有關家族特殊資產和路障的資訊是外部經理人應用家族規劃圖的關鍵。表4.1和4.2的問題僅針對在企業擔任要職的家族成員而設。因此，我們設計了另一套問題，如果企業分析師無法接觸到目標企業背後的家族，回答這些問題可以協助他們分析。此外，這些問題也取決於企業營運的文化和政治環境。根據我們的經驗，所謂的「公開信息」在每個國家差異很大，和家族規劃圖相關性最高的資訊也是如此。所以，這些問題不是通用的，要根據具體國家或類似國家的具體環境而定。

為了說明家族規劃圖作為規劃和分析工具的作用，我們將其應用於中國的十五家上市企業。我們選擇中國企業有兩大原因。第一，中國的家族企業還很年輕，絕大多數都還在第一代家族成員手中運營。由於中國實行獨生子女政策，而且很多家族企業位於偏遠地區，所以很難確定哪種傳承模式可行或合適。第二，作為世界上最活躍的經濟體之一，中國未來將有大量企業被收購，所以很多私募基金和投資基金都在中國慎重地尋覓目標企業。鑒於中國家族企業的公開信息很有限，我們將提供一個藍圖指導它們如何分析這些企業。

表4.3提供了我們所選十五家家族企業的背景資訊，每個企業的所在地、產品和規模不盡相同。為了分析這些企業，我們設計了一套問題，以明確每個企業的家族特殊資產和路障。表4.4列

表4.3 15家中國家族企業的名稱、所在地、主營業務和收益

企業商標	企業名稱（英文）	企業名稱（中文）	總部所在地	主營業務	2014年收益（單位：10億元）
Midea	Midea Group	美的集團	廣東	家用電器	141.7
	New Hope Group	新希望集團	四川	飼料、金融投資、乳製品、房地產、能源	2.89
HAILIANG	Hailiang Group	海亮集團	浙江	銅製品加工	1.2
三金药业	Guilin Sanjin Pharmaceutical Co., Ltd.	桂林三金集團	廣西	中國專利藥品	1.47
SANY	SANY HeavyIndustry CO., LTD.	三一重工股份有限公司	湖南	建築和起重器械	30.4
中国广厦	Guangsha Construction Group	廣廈建設集團	浙江	房地產、建築	1.76
Lonsen	Zhejiang Longsheng Group Co.,Ltd.	浙江龍盛集團	浙江	華工原材料	15.1
HOdo	Jiangsu Hongdou Industry Co.,Ltd.	江蘇紅豆實業股份有限公司	江蘇	紡織品	2.84
	Lifan Industry (Group) Co.,Ltd	力帆實業集團	重慶	摩托車、汽車	11.4
GOME 国美电器	GOME Electrical Appliances Holding Ltd.	國美電器控股有限公司	北京	家用電器連鎖	60.3

表4.3　15家中國家族企業的名稱、所在地、主營業務和收益　（續）

企業商標	企業名稱（英文）	企業名稱（中文）	總部所在地	主營業務	2014年收益（單位：10億元）
	Chaoda Modern Agriculture (Holdings) Ltd.	超大現代農業集團	福建	農業	14.59
	BYD Company Limited	比亞迪股份有限公司	廣東	充電電池、汽車	581.96
	Li Ning Company Limited	李寧有限公司	北京	體育用品	67.3
	Nine Dragons Paper (Holdings) Limited	玖龍紙業(控股)有限公司	廣東	紙製品	287.27
	Baidu, Inc.	百度公司	北京	搜尋引擎	490.52

出了這些問題，它們不需要企業的「內部資訊」，而且每個問題都有一個解釋。雖然這些問題清單也可以明確企業的家族特殊資產和路障，但它們和表4.1、表4.2列出的問題截然不同。這不僅僅是因為我們的資訊依據可以證實，還因為我們的根據是中國的文化和制度環境。

由於我們分析的依據是非定性資訊，所以應該用「是」或「否」來填寫此問卷，而不是用針對家族成員的〇—五評分標準。企業分析師回答「是」，可得一分，然後將家族特殊資產和路障的分數分別相加就可以得到各自的總分。

表4.4 對15家中國家族企業的家族特殊資產和路障的外部分析

			問題	問題目的	得分（如果是，得分為1，如是不是，得分為0）
家族特殊資產	文化與核心價值觀	1	家族或企業的價值觀是否與產品特性有關？	檢驗家族是否已將核心價值觀注入企業。	
		2	家族或企業明確的價值觀是否源於中國文化，或受儒家或道家思想的影響？	檢驗家族價值觀是否帶有宗教色彩。	
		3	企業的主營業務是否受家族特殊資產的影響，如家族歷史、文化、手藝和商業傳統？	檢驗家族的特殊資產是否與文化傳統相關。	
		4	企業發展主營業務的歷史有沒有超過15年？	衡量企業的歷史。一般而言，企業的歷史越長，企業越有可能形成一種獨特的文化。	
		5	主營業務的成功是否靠獨特的工藝或秘方？	確定企業是否有家族可以維持的獨特競爭優勢。	
		6	企業創始人或企業是否有非利益導向的目標，或對節能、減排、環保和慈善方面所投資？	檢驗創始人是否有強烈的價值觀；與其他企業相比，他們是否可以影響企業的管略和業績。	
		7	高級管理層或董事會是否有創始人、配偶和直接繼承人之外的家族成員？	檢驗家族價值觀對除直系親屬之外家族成員的重要性。	
平均分					
	領導層特徵	8	創始人的教育程度是否低於本科？	檢驗創始人是否以經驗領導，而不是理論領導。	
		9	網上有關創始人觀點、演講和行為的搜索結果是否超過100條？	檢驗創始人是否開放、有遠見。	
		10	企業外部經理人平均在職年限是否超過5年？	檢驗主管們的凝聚力和穩定性。	
		11	獨立董事是否僅由大學教授和政府官員組成？	確定企業是否傾向於家族管理。如果獨立董事會缺乏獨立性，則董事會由家族控制，而且沒有外部平衡力量。	

表4.4 對15家中國家族企業的家族特殊資產和路障的外部分析（續）

			問題	問題目的	得分（如果是，得分為1，如是不是，得分為0）
		12	企業是由創始人與其兒子或女兒創辦的嗎？家族下一代為企業效力的年限是否已超過10年？	檢驗家族是否有潛在的儲備經理。	
平均分					
	政界與商業人脈	13	在企業任職的家族成員中，有人大代表和政協委員，或行業協會領導嗎？	評估家族的政界和商業人脈。	
		14	創始人或其父母以前是政府官員嗎？家族成員是否與其他企業家族或政治人物聯姻？		
		15	網上是否有創始人和省市級，甚至更高級領導的合影嗎？		
		16	創始人或家族人員是否曾經獲得由政府頒發的獎項，如「勞動模範」？		
家族特殊資產總分					
路障	**家族路障**	17	創始人的年齡是否超過60歲？	創始人的年齡可以表明家族繼承問題是否緊迫。	
		18	創始人只有一個孩子嗎？他／她的孩子小於18歲嗎？他們中有沒有人在企業任職？	衡量家族的人力資源。一般而言，子女越多，越可能有能幹的繼承人。	
		19	第二代家族成員是否設在外部企業工作超過三年？他們是否沒有國外碩士或更高的學歷？	檢驗第二代家族成員的勝任能力。	
		20	創始人或其家族持有的股份是否不超過50%？企業是否由多人創辦？	明確家族所有權可能面臨的挑戰。如果企業由多人創辦，而且股份平分，則未來企業發生內訌的可能性越大。	
		21	媒體是否報導過家族的紛爭、家族成員與娛樂明星的醜聞，或他們的奢靡生活？	明確家族治理是否會有改善。如果家族成員有醜聞歷史或生活揮霍無度，則可能不是理想的繼承人。	
平均分					

表4.4　對15家中國家族企業的家族特殊資產和路障的外部分析　（續）

			問題	問題目的	得分（如果是，得分為1，如是不是，得分為0）
	市場與行業路障	22	除了創始人，還有沒有企業主管或董事現在或以前是政府官員？	檢驗企業是否過度依賴政府。政界人脈是把雙刃劍。過度依賴可能會導致企業失去活力。	
		23	近三年來，有沒有關於企業產品、管理、公共安全、企業治理方面的負面報導？或企業是否曾接受過調查？	檢驗企業的公共形象。	
		24	近三年來，企業的負債比率是否上升？或現金流／收益是否下滑？	檢驗企業資金鏈的強度和企業面臨競爭的激烈程度。	
		25	近三年來，企業的營收增長率是否下滑？或沒有推出知名的品牌？	檢驗企業的市場前景。	
		26	在企業所處的行業或國家，政府在環境、勞動力和安全標準等方面是否加強管制？	如果是，則企業的運營成本正在上升。	
		27	企業是否有對於研發進行固定的大規模投資？	衡量企業的創新和轉型能力。	
平均分					
	製度路障	28	稅收或貨幣調整等宏觀政策變化或國際滙率浮動是否會對企業造成很大的影響？	檢驗宏觀政策對企業的影響。	
		29	企業所在國的貧富差距大嗎？（吉尼系數是否大於0.45）	評估社會穩定性。	
		30	近三年來，企業所在地的GDP增長率是否高於國家平均增長率？	地方政府對企業的干預程度可以從當地GDP增長率推斷得出。比國家平均增長率高的原因可能是當地官員為了提升政績而與當地企業合作。	
		31	企業運營是否依賴諸如土地和礦產品之類的政府資源、其他自然資源、公共設施、銀行貸款或政府訂單	檢驗企業的資源和市場是否受政府操縱。	
平均分					

我們把十五個企業的調查問卷都填完後發現，「家族特殊資產」下面關於「文化和核心價值觀」的每個問題平均得分為〇·四五，「領導層特徵」每個問題平均得分為〇·五三，「政界和商業人脈」的平均得分為〇·五八。很明顯，人脈比領導層或文化／價值觀都重要。

在「路障」下，家族路障每個問題的平均得分為〇·四四，市場／行業路障的平均得分為〇·四，而制度路障的平均得分為〇·五三。對這十五家中國企業來說，政治體制是最大的制約因素，但是家族路障也不容忽視。隨著創始人年紀越來越大，家族衝突就開始顯現，這和制度路障的危害一樣大。

在這十五家企業中，「家族特殊資產」的平均得分為七·八，而「路障」的平均得分為六·八七。制度路障得分低的原因可能與企業樣本的選擇有關，因為所選的企業大部分都是成功的上市企業（雖然它們的有些問題已經暴露），因此它們所面臨的市場和行業路障較少。也可能是由於中國經濟騰飛，這些企業也相應發展，還沒到衰退的時候。

現在我們終於可以回答這個問題了：基於已明確的家族特殊資產和路障，這些企業應該選擇怎樣的傳承模式？我們可以根據每個企業的家族特殊資產和路障得分將它們置於家族規劃圖中。根據兩個坐標軸的總分，我們可以得出對企業最佳的所有權和管理權結構（這個結構可能與實際的有所出入）。

在這十五家樣本企業中，有六家屬於右下象限，這表明它們有充足的家族特殊資產，而且第

圖4.4　15家中國上市企業在家族規劃圖中的位置

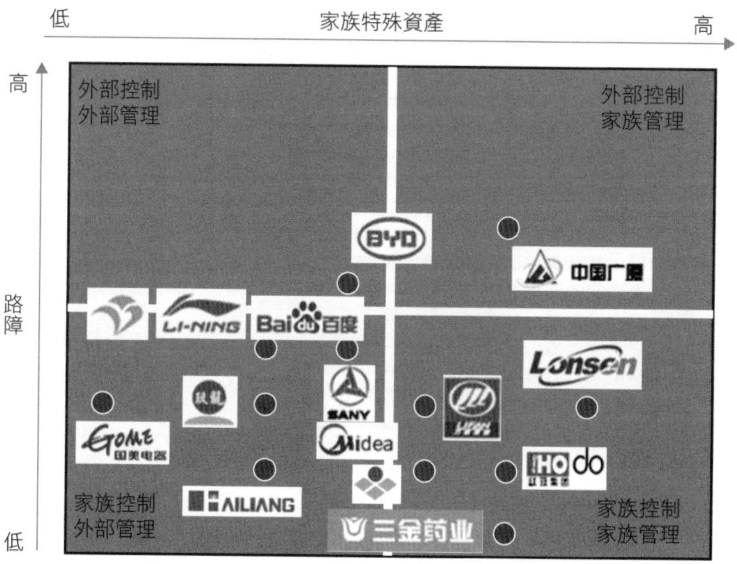

低　家族特殊資產　高

高　路障　低

外部控制
外部管理

外部控制
家族管理

家族控制
外部管理

家族控制
家族管理

BYD
中国广厦
LI-NING
Baidu百度
Lonsen
SANY
GOME 国美电器
Midea
HO do
AILIANG
三金药业

二代的管理不會面臨很多路障，因此它們是名副其實的家族企業。

雖然圖中顯示美的集團具備家族繼承的條件，但創始人的兒子何劍鋒卻自立門戶，不在父親的企業擔任任何職位。美的現由職業經理人管理，但我們不能排除一種可能性，那就是將來何劍鋒可能會接管控股公司並成為繼承人。

另外七家企業屬於左下象限，表明企業的未來所有權和管理權可能分離，變成由家族控制，職業經理人運營的企業。剩下的兩個企業分別屬於右上和左上象限，但很接近八分的邊界值。雖然我們不能確定它們的傳承模式，但是和其他十三家企業相比，它們面臨更多的路障，這意味著將來家族所有權更有可能被稀釋。

圖4.5　15家中國上市企業的可持續性指數

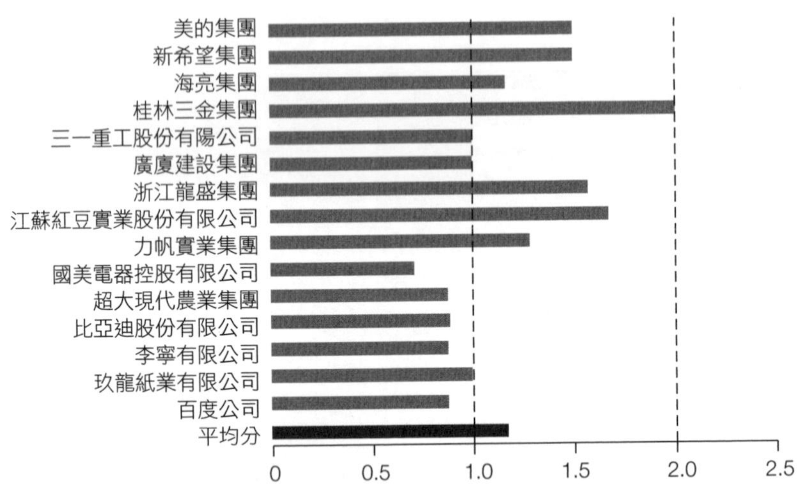

根據家族可持續性指數研究企業的傳承模式

投資者、潛在合作夥伴、政府和企業家族都想知道現行的所有權和管理權結構是否可持續，以及哪些結構的未來前景最好。所以我們為這十五家中國企業分別計算了家族企業可持續性指數（家族特殊資產與路障得分之比）。

家族企業可持續性指數越高，所有權和管理權在家族繼承的可能性越大。有一點需要注意，可持續性指數反映的只是企業現在的狀況。例如，百度和國美創始人的繼承人還太年輕，最近繼承父業還為時尚早。但這並不意味著企業創始人不能為家族治理做長期規劃，以找到一個合適的家族繼承人。總的說來，如果家族企業可持續性指數大於一，那麼它們比較適合在不久的將來做家族繼承規劃。因此，如果外部投資者想收購企業並得到控股權益，那他應該把目標放在可持續性指數低的企業，因為這些企業的選擇有限，它們更可能對外部投資感興趣，或者想直接變賣企業。

本章重點

- 對家族企業長期規劃而言，家族規劃圖是一個強大的結構化工具。
- 家族規劃圖提出一個「三步走」戰略：
  第一步明確家族特殊資產和路障。
  第二步規劃整體治理策略，以充分利用家族特殊資產的價值並降低克服路障的成本。
  第三步通過確定家族和企業未來發展的重點培養所選的治理模式。
- 家族規劃圖也可以幫助分析師和潛在投資者分析家族企業的可持續性。

下一章我們將探討如何應用家族規劃圖設計最佳的所有權結構，並促進家族企業的未來發展。

第五章

所有權結構設計

家族企業面臨的最重要也最具挑戰性的任務之一就是設計出最佳的所有權結構。所有權結構可以影響激勵機制和企業運營，甚至還會影響家族成員、家族經理人和企業其他股東的行為。它決定了家族成員與外部所有人之間的權力分配。如果家族成員在如何推動企業發展的問題上意見不一，所有權結構的重要性尤其突出，因為它決定了表決權的分配、所有權的轉移和盈虧的分擔。

家族企業最顯著的特徵之一就是所有權結構的多樣化。本章開頭將講述一些老牌歐洲家族企業的故事，它們的股權已被稀釋，然後將它們和一個有趣的亞洲企業相比，這個企業在所有權設計方面比較主動。由此我們將探討所有權結構設計與路障變化有何關係。接下來，我們明確了家族企業在設計理想的所有權結構過程中會面臨的四大挑戰，即：（一）在不放棄家族控制權的前提下如何為企業擴張融資；（二）家族壯大後如何避免所有權被稀釋；（三）全部上市還是部分上市；（四）如何充分利用諸如信託和基金之類的機構持股方式。鑒於現在信託的普及，我們將揭示利用信託保存複合資產時會遇到的一些陷阱。最後，我們以四個小例子說明如何設計所有權結構以應對具體挑戰，希望這些例子可以啟發企業家族在面對類似情況時採取相應的措施。

所有權結構的多樣性

在許多家族企業中，每一代新成員的加入都會導致所有權被稀釋。在歐洲，很多家族企業都由數百位甚至數千位家族成員共同持股。德國工業巨頭蒂森（Thyssen）的股份由二百多位蒂森家族成員共同持有。約有六百位穆裡耶茲家族成員共同持有家族控股公司的股份，該控股公司控制著超市連鎖帝國歐尚、體育用品零售連鎖集團迪卡儂和其他成功的零售品牌。文德爾家族近一千名成員共同擁有文德爾控股公司（Wendel Participation），該控股公司持有家族已上市的文德爾投資公司（Wendel Investissement）三八％的股份。在比利時，楊森（Janssen）家族的成員人數達二千五百名左右，所有這些成員共同持有索爾維（Solvay）製藥集團的控股股權，索爾維集團的歷史已長達一百五十年。

在應對家族壯大時，大部分大型歐洲企業都會採取的一個辦法，就是將家族企業的所有權委託給其他機構。創辦於一九〇四年的馬士基（Maersk）是世界上最大的航運公司，也是一家上市家族企業。馬士基家族通過三大基金控制著企業，其中兩個是慈善基金，另一個是家族基金。這些基金控制著馬士基大部分表決權和近一半的流通股。

當個人所有權縮水，問題就會層出不窮，而這些既古老又顯赫的歐洲企業家族設計了完善的所有權和治理機制成功應對。但並不是每一個家族都如此幸運。所有權稀釋會削弱激勵機制的效果，沖淡個人責任感，並最終導致不同家族分支相持不下，這對家族和企業都會產生不良的影響。我們已經看到世界上很多家族因為不同分支之間的利益分歧而陷入僵局。這時，重新設計所有權結構是一個行之有效的辦法。請看下面的例子。

利豐集團

利豐是一家全球貿易集團，主營業務是消費產品的出口，其中包括成衣、時尚飾品、傢俱、禮物、手工藝品、家居用品、促銷商品、玩具、運動和旅遊用品。

利豐集團於一九〇六年在廣州創辦，現總部設在香港，在全球四十多個國家擁有七十個辦事處。起初出於成本的考慮，利豐的工廠都集中在亞洲。近年來，利豐開始進軍地中海、東歐和中美洲地區，因為歐洲和美國的客戶離這些地方較近。利豐集團旗下還擁有許多公私營企業。利豐有限公司的年營業額為一百二十億美元，全球員工人數達一萬五千人。

利豐集團的例子表明了控制所有權不被稀釋的重要性，雖然馮氏家族花了很長時間才找到一個控制的方法。利豐是香港少數有一百多年歷史的企業之一，它於一九七四年在香港證券交易所上市。利豐的創始人有十一個子女，所有子女均持有集團的股票，第三代成員也不例外。但是在二十世紀八〇年代馮國經（Victor Feng）和馮國綸（William Feng）接手利豐集團之前，第三代沒有一個家族成員持有控股股權。

馮國經在麻省理工學院考取了電機工程碩士學位，在哈佛商學院取得商業經濟學博士學位，並曾在哈佛商學院任教。他弟弟馮國綸獲得了哈佛商學院工商管理碩士學位。為了回應父親的召喚，兩兄弟辭去了美國的工作並返回香港。由於受過商學院的專業訓練，兩兄弟很快察覺到家族企業存在的問題。當時家族內鬥嚴重、四分五裂，根本不可能調整企業的治理結構。在馮氏兩兄弟返港之時，家族關係陷入僵局，但是他倆的股份加起來都不足以讓他們有發言權。

二十世紀八〇年代中期，中英兩國開始談判香港未來的歸屬問題。馮氏家族的一些成員覺得回歸中國大陸就意味著香港的沒落，但是馮氏兩兄弟卻覺得這是一次機會。於是他們從一個銀行財團那裡貸款了幾十億港幣。一九八九年，他們用貸款的一部分買下利豐所有公開交易的股票，並用剩下的款項以八〇%的溢價買回其他家族成員的股票。買斷公司所有股票之後，他們於一九九二年將利豐有限公司重新在香港證券交易所上市。

為了重組利豐有限公司的所有權結構，他們作為公司的獨資所有人成立了一個控股公司，兩人各持有該控股公司五〇%的股份，而利豐有限公司持有利豐商業帝國上市零售業務的控股股權。有趣的是，他們還為馮國經的家庭設立了一個家庭信託，名為摩根信託有限公司。這樣，即便馮國經的家庭成員未來參與利豐集團，也可以確保他們的所有權不會像他那代一樣被稀釋。

獲得了利豐集團的控股股權之後，馮氏兩兄弟就可以對家族企業做出必要的變革。雖然重組所有權結構歷經千難萬險，但是如果不這麼做，他們的家族企業就不會走上一個新的臺階，利豐集團也不會有今天的成功和萬人敬仰的地位。我們相信利豐的故事很好地例證了有遠見的家族成員是如何設計新的所有權結構讓家族企業重生的。

圖5.1　降低家族企業現在和未來路障成本的主動所有權結構

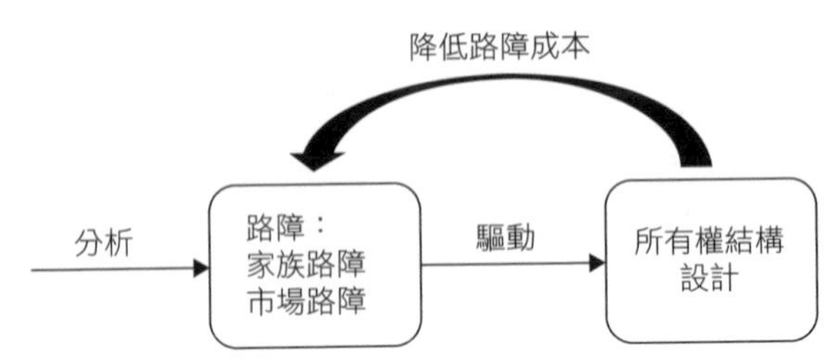

影響家族所有權的路障

所有權可以是主動的也可以是被動的。如果越來越多的家族成員開始持股，所有權不斷被稀釋，這時它就是被動的。主動的所有權可以以多種形式呈現，如將企業上市，引進信託或基金代為持股，或通過買斷其他家族成員的股票將所有權集中。無論是家族、市場或制度路障，完善的所有權設計是企業善治的關鍵，也是減弱路障影響的最有效方式。圖5.1說明了主動所有權結構如何降低家族企業現在和未來路障的成本。

家族結構和發展是家族重新設計所有權結構的最常見驅動力之一。正如我們所看到的，隨著家族的壯大，所有權將逐漸分散。大型家族一旦開枝散葉，利益分歧往往也會出現。隨著股權越來越少，衝突越來越多，改變所有權結構就成了當務之急。重組所有權結構可以達到諸多目的，其中包括確保家族未來對企業的控制、將控制權分配給最有能力和對經營企業最有興趣的成員、允許家族成員隨意出售股票、讓外部非管理人員維持體面的生活和避免未來家族衝突。

家族的壯大受一國長期人口變化的影響。諸如出生率和社會文化價值觀之類的因素都會影響家庭的規模。例如，在中國，獨生子女政策意味著所有權分散對家族企業不是個大問題。他們面臨的主要問題是缺乏家族人才，或者家族成員對接管企業不感興趣。與其他地區相比，估計亞洲的家族將最早退出企業，他們要麼會雇用外部經理人（放棄控制權），要麼變賣企業（既放棄所有權又放棄控制權）。

我們在第三章探討了繼承法和遺產稅，它們會影響企業在接班時所有權結構的重組。在一些國家，繼承法規定所有權必須在家族成員之間平分，但其他地方的法律比較靈活，即允許將所有權集中。在北美和歐洲，家族成員持有大致相同的股份，雖然那些參與度高的成員可能會持有更多。在遺產稅高的國家，企業所有人在退休前可能不得不廉價出售或放棄企業才負擔得起高額遺產稅。有的人選擇將所有權轉移至信託、基金或稅率低的境外實體。

一國的風俗習慣和道德規範也會對所有權的分配產生很大的影響。在亞洲國家，儒家思想的影響依舊深遠，所以兒子都繼承大部分股權而女兒只能獲得一小部分，有時甚至沒有股權，只有以嫁妝的形式彌補。在中東，根據當地風俗和伊斯蘭教教法，大部分家族成員都被納入企業的體系，只有兒子能獲得所有權，但同時他們也有義務照顧女性家族成員。雖然只允許男性繼承人傳承企業的所有權是對女兒的一種歧視，但是這卻減緩了所有權和家族財富被稀釋的趨勢。

成功的家族企業往往會面臨如何為新投資項目融資的困境，即新的商業機會擺在眼前時，他們卻缺乏內部資金和人力。通過股票交易融資是一種辦法，但是這樣會危及家族的控制權。這就是為什麼許多經久不衰的家族企業能夠抵制住誘惑，寧願維持原狀。然而，在資本密集、週期化、變幻莫測的行業或市場，企業家族往往需要進行重大投資才能保持競爭力。但是他們一旦將股權對外出售，就會開始失去對企業的控制。雖然從銀行貸款可能比股權融資更可取，但這並不是最好的選擇，因為如果未能及時支付貸款利息，銀行就可能突然切斷資金供應。在極端的情況下，家族可能要申請破產，並將企業交給銀行作為抵押。

所有權結構設計中四大最常見的挑戰

如上文所述，如果企業和家族遭遇足以威脅其穩定的路障（無論現在或未來），它們就有必要重新設計所有權結構。下面我們將詳細介紹所有權結構設計中四種最常見的挑戰：企業發展時如何保留控制權、家族壯大時如何應對所有權的稀釋、如何充分利用信託和基金，以及是否上市。每一個挑戰都可能改變家族的參與度、企業的未來和家族成員之間的關係。每介紹一個挑戰，我們都將舉若干例子，提出一些重組所有權結構的具體方法，並探討這些方法的利弊，以降低應對挑戰的成本。

挑戰一：企業發展時如何保留控制權

在家族企業發展早期，控制權與所有權緊密相連。企業家創辦企業時，只有家族擁有所有權。即便引進外部投資，家族往往也會持有多數股權，以確保對決策的絕對控制。開展新業務需要外部資金的支援，但這會影響家族的控制權，尤其是當市場規模擴大，市場地理擴展時更是如此。

十九世紀初，美國大約有一千五百家報紙，這些報紙最初都由家族所有。隨著傳媒行業在產品（從個體報紙到媒體集團）、市場（從地方到全國、再到全球傳媒市場）和技術（從人工排版印刷到電子報紙、廣播和電視）層面的發展，大部分家族退出了企業運營。有的不得不把控制權轉交給新投資者，有的被競爭對手收購，還有的直接關門歇業。只有少數報紙找到出路，募集了足夠的資金才得以在業內繼續運營。

二十世紀後期，許多奢侈品行業的家族企業面臨著類似的挑戰。一九七七年，亨利・拉卡米耶接管了他岳母的企業，即生產奢侈箱包和飾品的LV。與許多奢侈品企業一樣，LV在二十世紀六、七〇年代經歷了一個蕭條時期。那時候，由於嬰兒潮出生的那一代人成年，對傳統奢侈品的需求急劇下降。為了繼續運營，許多家族企業採取短期解決方案。他們選擇繼續控制設計環節（不全是生產環節），同時將產品零售交給業內專家，往往只收取許可證的費用。後來拉卡米耶驚訝地發現，獲得利潤最大的原來是零售商，於是他決定將LV的運營方式轉型為垂直整合運營。

按照拉卡米耶的計畫，LV需要開自己的零售店，以省去中間環節。他的計畫出來的正是時候。在西方國家嬉皮時代之後，「雷根革命」又恢復了人們對奢侈品的需求。而且，亞洲和中東市場的重要性日益顯現。一九七八年，拉卡米耶在東京開了五家零售店，並把LV產品的價格定在與歐洲相當的水準。

一九八四年，LV的全球銷售額增加了十五倍，達到一．四三億美元，其中利潤達二千二百萬美元，利潤率為四〇％，幾乎為同行的兩倍。為了進一步擴張融資，拉卡米耶在巴黎和紐約證券交易所賣掉了公司的股票。之後，他將LV與酩悅軒尼詩集團合併組成LVMH集團，這個集團隨即走上了收購其他奢侈品品牌的道路。

拉卡米耶的策略在可預見的未來還會產生利潤。看到他的創新舉動，所有家族奢侈品企業不得不問自己同一個問題：它們是否還是希望安於現狀，僅作為歐洲一個有精英客戶群的小型家族企業而存在？還是準備冒險進入全球市場？如果決定進入全球市場，它們應該如何設計所有權結構並為投融資服務，以避免失去企業的控制權？

自此，奢侈品行業的家族企業紛紛開始設計新的所有權結構以應對市場路障。諸如愛馬仕、豪雅表和寶格麗之類的老牌企業，以及像唐娜．卡蘭（Donna Karan）和拉夫勞倫（Polo Ralph Lauren）的第一代和第二代企業開始上市。其他家族要麼變賣自己的企業，要麼合併於諸如

LVMH和開雲（Kering）這樣的大型奢侈品集團。如此一來，奢侈品企業集團應運而生。

通過控制權強化機制並分離投資和控制權，精心的所有權結構設計可以使家族在快速發展的企業中平衡發展與控制的需求。在反思收益和股權之間的關係之後，他們可以成功將所有權集中在家族手中，同時與廣大投資者共用收益。家族可以採用很多方法將收益與股權分離，並將後者留在家族手中。

金字塔控股結構：當所有權被稀釋時，金字塔控股結構可以用於維持家族的控制權。金字塔代表了一系列的企業控制，往往由一個私有的家族投資公司在金字塔頂端，它持有下一級中間企業的控股股權，中間企業又持有二級公司的控股股權，二級公司又持有三級公司的股權，以此類推。通過維持整個金字塔企業的控股股權，家族就可以掌握金字塔中所有企業的實際控制權，但它得不到低層級企業的大部分現金流。

金字塔控股結構在維持控制權方面的作用到底有多大呢？假設一個家族有一家投資公司，該投資公司持有A公司五一％的股份。假設剩餘的股份由其他投資者持有，但他們中沒有人持有超過一〇％的股份。A公司通過五一％的股份控制著B公司，而B公司剩下的股份由更小的投資者持有。那麼，誰得到B公司的收益？誰控制它呢？

如果B公司決定支付一美元的股息，A公司可以得到五十一美分。如果A公司決定將這五十一美分分給它的所有人，那家族會得到二十五美分，即B公司收益的二五％。幾乎四分之三的收益在A和B公司的小投資者中分配。在控制層面，家族擁有對A公司的絕對控制權，因為它擁有五一％的表決權，而且沒有其他重要股東。除此之外，通過控制A公司的董事會，家族擁有對B公司的實際控制權，因為A公司是B公司的控股股東。因此，金字塔控股結構可以確保家族對下級企業的絕對控制權，但是大部分企業收益由其他投資者共用。

如果家族擁有絕對控制權，為什麼外部投資者還會投資A公司或B公司呢？許多投資者偏好被動投資，因為他們沒有資源參與所投資企業的治理。對機構投資人來說，情況更是如此。他們信任的是家族的聲譽，所以將控制權委託給家族。

世界上許多家族企業集團都運用金字塔控股結構集中他們的所有權。豐田汽車、三星電子、李維斯、杜邦等企業都通過金字塔控股結構被控制。一些知名加拿大家族企業也是如此，像邦巴迪飛機、歐文石油、麥肯食品、摩森啤酒，以及布朗夫曼家族領導的西格雷姆集團、德馬雷家族的鮑爾公司、培拉杜家族的魁北克傳媒公司。義大利的阿涅利家族也通過一個非常複雜的金字塔控股結構控制著旗下的許多企業。控制著日韓樂天集團的韓國辛氏家族也採取了這種做法。他們首先用金字塔控股結構控制在日本和韓國的商業活動，後來用它有效拓展了在全球的市場。

雙層股權結構：一九九八年，賴瑞．佩吉（Larry Page）和謝爾蓋．布林聯合創辦了谷歌（Google）。僅僅六年之後，谷歌就上市了。二〇〇四年，谷歌實行雙層股權結構。它將股票分為兩類：優先表決權股票和有限表決權股票，持有優先表決權股票的股東有十票的表決權，而持有有限表決權股票的股東只有一票。今天，谷歌的兩位創辦者手持的公開發行股票估計在三〇%左右，但他們卻擁有對谷歌的絕對控制權，因為他們持有大部分優先表決權股票。谷歌是否會發展成一個成熟的家族企業現在尚無定論，但對於那些想要保留控制權卻又想上市的家族來說，雙層股權結構是一個常用的辦法。美國許多家族傳媒企業就實行這種股權結構。

雙層股權結構的本質就是企業股票代表的不同表決權。家族持有優先表決權股票，而將有限表決權股票出售給外部投資者。這樣一來，家族就可以絕對掌控企業，同時和其他投資者分享股票收益。

在雙層股權結構中，每一層股權擁有的表決權比例是什麼樣的呢?實際上，這在一定程度上取決於公司法，而公司法在每個國家都不盡相同。例如，在雙層股權結構很受歡迎的北歐國家，持有優先表決權股票的股東可以投的票數是持有有限表決權股票的股東的十倍。許多國家也允許發行沒有表決權的優先股，但會以優先分紅作為補償。

瑞典瓦倫堡家族通過雙層股權結構和金字塔控股結構控制著大量瑞典的上市企業和私營企業。雙層股權結構用於控制家族的投資公司，投資者持有的股票分為A、B兩類。A類股占企業資金的四〇%左右，但控制著約八七%的表決權；而B類股占企業資金的六〇%，卻只有一三%的表決權。通過一個家族基金，瓦倫堡家族持有兩層股權的大部分股票，因此家族雖然僅擁有五分之一的資金，卻享有近半數表決權。

交叉持股：在交叉持股的股權結構中，企業互相持股，如兩個家族企業各持有對方一〇%或二〇%的股份。交叉持股在日本商業圈很普及，其中包括許多經連會（keiretsu）的企業。一個眾所周知的例子就是三菱企業聯盟。三菱企業聯盟是由三菱家族創辦，是以家族銀行三菱銀行為中心的聯盟。在經歷了一系列併購之後，三菱銀行也被稱作東京三菱日聯銀行。三菱企業聯盟封閉的交叉持股結構囊括了許多知名企業，如三菱商事、麒麟麥酒、三菱電機、三菱汽車、尼康、新日本石油等。另一個突出的例子就是三井家族。它在以三井銀行為中心的企業聯盟中持有控股股權。該聯盟的交叉持股結構涉及的企業包括富士膠捲、三井物產、三越、三得利和東芝。

交叉持股並不為日本獨有。韓國辛氏家族在樂天集團的所有權結構設計中也運用了交叉持股的方式。義大利的阿涅利家族就在菲亞特集團（Fiat）旗下的企業中交叉控股。已故的王永慶也在台塑集團的四大核心企業中運用了交叉持股的方式，以加強他對集團的控制。

除了金字塔控股結構、雙層股權結構和交叉持股，有的家族企業還實行其他所有權機制，如投票限制（限制單一股東可以投票的數量）、特權優先股（持有特權優先股的股東享有特殊權利，如可以否決公司的出售）、董事會輪選制（如果過半數股權被售賣，董事會不能馬上更換）。最受歡迎的做法之一就是設立信託或基金，我們將在下文探討。

挑戰二：應對由於家族壯大而造成的所有權分散

我們已經看到，一些家族由於規模壯大後，所有權會被稀釋。通常情況下，創始人會把企業所有權在子女中分配。他們也確實這麼做，但是幾代後，所有權就分散了。雖然企業仍由家族管理，但卻沒有一個可以起主導作用的家族所有人。隨著擁有所有權人數的增加，溝通成本也相應上升，此外還會造成搭便車和缺乏共識問題。因此，家族的當務之急就是鞏固控制權。那麼，有什麼辦法呢？

雙層規劃（早期的解決方案）：家族可以設立董事會或委員會，選舉管理人員並處理各種治理問題。如果企業沒有董事會，家族董事會可以起到相同的作用。如果企業有董事會，則家族委員會可以提供一個溝通的平臺，這樣家族成員就可以探討家族和企業事宜並達成共識，以此促進企業董事會的工作。此外，家族委員會也可以作為企業董事會的後盾，讓出一些席位給外部人員，因為他們有外部資源，思維也比較客觀。家族董事會應該包括家族所有分支的代表，通常五至七位成員為宜，而且每年要開兩次至四次董事會議。

家族董事會是家族企業早期的解決方案。如果家族壯大過快，或成員之間缺乏溝通，則家族董事會可能不會有效保護他們的利益。家族董事會可能導致的問題有利益衝突、一個分支獨大、意見不客觀等。良好的溝通是完善家族董事會的一個前提。相反，家族衝突和缺乏溝通只會削弱家族董事會的功能。

修剪枝葉：當所有權被稀釋，而家族治理又不能解決激勵問題以及利益衝突，那麼是時候需要重新安排了。許多老牌家族通過所有權重新分配的機制，逐漸修剪枝葉或每一代進行一次重大調整。重新設計所有權結構最典型的方式包括將所有權向後代不均衡轉移、創造一個可進行股票交易的內部市場以及買下家族成員或群體的全部股權。

我們在上文看到馮氏家族的第三代馮氏兄弟通過購買家族成員的股份成功將利豐集團的所有權重新集中。但是這種做法比較極端，也很少見。我們可以對這種做法進行改進，那就是實施家族股份回購專案，以收購那些與企業關係不大的家族成員持有的股票。在歐洲，文德爾和穆裡耶茲家族已經建立了一個買賣家族股票的內部市場，僅在每年的家族聚會上開放一小段時間。我們還聽說一個家族開發了一個電子證券交易所，家族成員可以隨時提交股票買賣資訊。

在由所有者經營的小型家族企業中，家族每一代都會進行一次修剪枝葉。還記得雲集眾多老牌家族企業的漢諾基協會嗎？法師溫泉旅館是其中一員。其他企業成員包括荷蘭亨克貿易公司，荷蘭釀酒商迪凱堡、義大利糖果商 **Peligrino**、義大利音樂公司 **Mouzini**、法國調料公司 **Thiercelin** 和日本糖果公司 **Gekkonen**。他們都找到了修剪所有權之樹的方法，如每一代僅一名成員可以獲得所有權、將不積極家族成員的股權購回，或將家族成員之間的商業活動分開。

在建立內部股票市場或進行股票回購時，家族會遇到的一個重要問題就是如何給這些股票定價。如果企業已上市，則回購的價格可以在市場價的基礎上加一個商定的溢價。如果由私人持股，則可以採用商定的估值方法。我們建議家族成員認真對待回購股票的定價並將此交給可信賴的外部顧問，因為由此引發的衝突會讓家族四分五裂，或成為未來衝突的催化劑。

減少家族所有人人數的另一個方法是將所有權轉移至信託。家族信託可以有效去除與茂盛的家族樹有關的治理制約因素，並在可預見的未來將家族利益緊緊綁在一起。這也將我們引入關於下一個挑戰的探討。

挑戰三：充分利用信託和基金

在普通法盛行的社會，信託發揮著非常重要的作用。據估計，紐西蘭有四十萬至五十萬家族信託。美國許多大型家族企業的所有權很大一部分都交給信託，其中包括沃爾瑪、福特汽車、《紐約時報》和嘉吉。從一份研究二百一十六家香港上市企業的樣本中，我們發現幾乎三分之一的企業由家族信託控制，其中包括著名的新鴻基地產、長江實業和恒基地產。

全球的銀行和企業融資機構都很推崇用信託解決與所有權結構設計有關的問題。儘管我們承認信託是保護所有權的一個有力機制，特別在稅務規劃方面，但是家族應該意識到信託也會帶來一系列挑戰。

信託是受契約約束的法人實體。信託持股的規則由國家法律而定，而每個國家和地區的法律都有很大的差別。信託可以是永久的，也可以持續固定的幾年，如果要在規定的日期前解散是很困難的。信託由受託人管理，其利益也由受託人保護。受託人一般是能幹而又利益相關的家族成員，或者是在信託和企業管理方面能力特別強的外部人士。因此，對於一個持有家族企業控股股份的信託，受託人的功能是連接家族與企業董事會和管理層的橋樑。受益人是那些得到信託收益的人，主要是家族成員，但是外部人士也可能從信託中獲益。慈善信託會將資金用於社會或慈善目的。

企業也會設立基金來管理大比例的股份所有權，通常由創始人捐贈。在大多數國家，基金的行為是不可逆的，而且有一些限制。例如，基金不能售賣企業或將所有權稀釋到特定程度。所以，即便創始人已過世，基金也可以幫助他們繼續對家族實行控制。基金本身是一個非營利性實體，既沒有所有人也沒有成員。基金董事會的成員往往是自我選舉的，但受法律和基金契約的約束。基金契約通常會規定一個廣義的社會目的，如，致力於企業的「最佳利益」並將超額收益用於慈善目的。創始人的家族成員往往持續在企業管理層發揮作用，但並非總是如此。

在北歐國家，基金廣受歡迎。很多北歐的知名企業都已經設立了基金，如貝塔斯曼、海尼根、羅伯特博世和嘉士伯。一九六九年前，類似的機構在美國也很常見，但後來稅收改革法案的出現有效限制了基金會持有超過二〇％商業企業的股權。

紐約時報

一八九六年，阿道夫·奧克斯買下《紐約時報》，從此開始了一段報業和家族企業的傳奇。事實上，《紐約時報》於一八五一年創辦，但卻因為成本的不斷上漲而苦不堪言。買下《紐約時報》後，奧克斯成功將成本減半，並在三年之內將日發行量從九千份提升至七萬六千份。奧克斯原先是一個排字工人，也是田納西當地一家報紙《查特努加每日快遞》的控股股東和出版商。與他的競爭對手不一樣，奧克斯從來不會歪曲事實或捏造醜聞。他的誠信與正直使他成為一名德高望重而又傑出的發行人。

奧克斯將個人信條貫徹到《紐約時報》（後來簡稱《紐時》）的經營過程中。他將新聞和評論以及政治觀點分離，並將報紙的賣價降低。二十世紀二〇年代，《紐約時報》的日發行量上升至四十萬份。亞瑟·奧茨·蘇茲貝格是奧克斯的女婿，他起初也在《紐約時報》任職。一九三五年，奧克斯去世，蘇茲貝格接任奧克斯成為《紐約時報》的發行人兼社長。

一九三五年至一九六一年，在蘇茲貝格的管理下，《紐約時報》的業務日趨多元化，它成功進入廣播領域，並將業務拓展至整個美國和歐洲，而且日發行量也上升至七一·三萬份。作為發行人，他貫徹了岳父的原則，極力推崇新聞自由和民主。除了經濟上的成功之外，《紐約時報》還多次獲得頗有分量的普立茲新聞獎。如今，《紐約時報》是榮獲普立茲獎最多的報紙，它也被公認為是世界上最好的報紙。

在我們看來，《紐約時報》是信託持股的最好詮釋。為了減輕家族壯大的後果，阿道夫．奧克斯設立了一個家族信託，他生前持有五〇．一％的普通股，而剩下的股票在他配偶和子女中分配。信託契約規定，信託將持有控股股權，直至阿道夫的女兒伊芙去世，之後股權應該在她的四個子女中平均分配。信託的受託人是伊芙、亞瑟（彭區）．蘇茲貝格和他侄子朱利斯．奧克斯．阿德勒。

對阿道夫．奧克斯而言，信託代表了他為下一代延續家族所有權和管理權的一種承諾。通過將控制權集中在信託並在信託終止後將股票在他孫輩中分配，他確保了奧克斯和蘇茲貝格家族對企業至少五十年的實際控制權。此外，信託也是確保他的四個子女（及其後代）有平等機會參與《紐約時報》運營的一種承諾，因為僅僅依靠個別成員的力量是行不通的。

二十世紀六〇年代，由於報業的發展，新的路障開始顯現，《紐約時報》需要新資金進行擴張。重新設計所有權結構再次成為募資的關鍵，但前提是不能失去家族控制權。一九六一年，亞瑟．蘇茲貝格將《紐約時報》在紐約證券交易所上市。通過發行雙層股票，家族的權力得以維護，因為家族信託保留了優先表決權股票，而新的小股東幾乎沒有什麼權力。

二十世紀八〇年代，家族信託開始重組（當時伊芙已經九十多歲了）。當時彭區開創性地設立了四個新信託，他和兄弟姐妹每人一個。當舊的家族信託隨著他母親的去世而解散，其持有的股份在四個新信託中重新分配。到彭區和兄弟姐妹的十三個子女都去世時，每個信託將持續生效達二十一年。而且，家族做出一致承諾，在任何可能損害家族對《紐約時報》控制權的事情上，他們都會投意見一致的票。這個約定於四年後生效，即一九九〇年，當時伊芙·奧克斯·蘇茲貝格去世，享年九十七歲。

由於彭區設立的新信託，《紐約時報》的歷史開始重演。他們四個兄弟姐妹把《紐約時報》的控制權牢牢掌握在手中，而這種情況將持續兩代人。也就是說，伊芙·奧克斯·蘇茲貝格的二十四個孫子孫女已經擁有了這個全球傳媒帝國的所有權股份。這個帝國依靠世界上最有影響力的報紙而存在。

《紐約時報》很好地詮釋了如何利用家族信託維持家族的控制權，並解決了所有權自然稀釋所帶來的治理問題。它也展示了精明能幹的家族成員（阿道夫·奧克斯和彭區·蘇茲貝格）如何將家族控制權維持了半個世紀，甚至在他們去世後也不會丟失。

將控股股權信託的利弊

無論家族面臨任何挑戰，如家族成員增多、利益分歧以及稅務規劃，世界各地的服務提供者都把信託持股作為萬全之策。那麼，將所有權交給信託和基金是否真的優於家族成員直接持股呢？我們將在下面探討這種方式的優缺點。由此我們會發現信託確實可以幫助減少很多路障，但是這種所有權結構也可能讓路障存在的時間更長，乃至帶來新的路障。

假設企業創始人即將退休，而他想讓他的三個兒子接管家族企業。他希望三兄弟可以團結一致，這樣家族企業就不會分崩離析。那麼他該如何轉移控股股權呢？他應該設立一個信託，然後任命三兄弟作為經理人嗎？還是他應該將所有權在他們三個當中分配？

如上文所述，將控股股權交給信託或基金有很多優點。首先，它可以確保家族對企業的控制權。信託和基金受一個契約約束，這個契約通常由創始人（或現任大股東）起草，他可以規定在什麼情況下信託可以解散並／或不再持有股權。他們也可以規定，信託或基金將永遠（至少可規定一定的年份）是家族企業的控股所有人。

第二，受託管理委員會可以幫助企業將所有權和控制權分離、任命外部職業經理人並引入治理機制。信託和基金的強大之處在於它們允許家族成員得到收益，卻不用管理企業。因此，只有那些有能力又有抱負的家族成員才能入選成為信託的管理人，以此控制企業。此外，外部專家也可能擔任受託人。換言之，創始人可以根據個人能力任命受託人，也可以根據自己的喜好指定受益人。

第三，在多數國家，家族或慈善信託是稅務規劃的一個強大工具，尤其在企業繼任期間。如果企業的控股股權轉移至一個慈善信託或基金，這種轉移行為是免稅的。因此，將所有權委託給信託或基金在高遺產稅的國家更受歡迎。

由於這些關鍵原因，信託在許多國家的應用越來越廣泛。鑒於理財顧問積極推薦信託為克服任何路障的法寶，家族很有必要瞭解它的侷限性和制約因素。

鎖死問題。信託的第一個問題就是缺乏解決衝突的靈活性。家族信託奏效的一個前提就是，家族有完善的治理機制可以確保長期的家族和睦。然而，由於信託內的股權不能在信託有效期內轉讓，這時鎖死效應就會發生。最終，企業和家族會有陷入僵局的危險。香港最大的房地產集團之一新鴻基地產郭氏兄弟之間的紛爭就凸顯了這一問題。

郭氏家族信託和新鴻基地產集團

新鴻基地產集團是香港第二大企業集團。它的核心業務是地產開發，但是如今也和其他地產集團一樣，向電信和其他非地產領域拓展。

新鴻基地產集團的創始人是郭德勝，他於一九九〇年去世。去世前，他將自己四三%的控股權益轉交給一個信託。信託契約規定他的四個家庭成員為受益人，即他妻子和三個兒子（郭炳湘、郭炳江、郭炳聯）。該信託不可解散，而且委託的股權不得轉讓。很明顯，郭德勝這麼做是為了確保家族對集團的永久控制，希望三個兒子能齊心協力使集團得以永續經營。他的長子郭炳湘由信託選舉，並由董事會任命成為新鴻基集團董事局主席，而其他兩兄弟分別是副主席和總經理。

郭德勝辭世後，新鴻基地產在家族第二代的手中繼續興旺發展。集團的業務開始拓展，並控制了許多手機和運輸公司。三兄弟攜手使郭氏家族在香港最富有企業家族榜上排名第三，在富比士世界最富有家族榜上的地位也有所上升。

然而，一九九七年，郭氏家族的風平浪靜戛然而止，因為郭炳湘被人稱「大富豪」的張子強綁架，並被蒙住眼睛關在木箱子裡長達一個多星期。警方沒有介入，在郭家付了六億港幣的贖金之後，郭炳湘才被釋放。張子強被捕後向警方承認他一連好幾天都將郭炳湘關在一個木箱子裡，而贖金以二十個集裝箱的一千元港幣現鈔送達他手中。

被釋放後，驚魂未定的郭炳湘重新回到新鴻基地產。他依舊是集團的董事局主席兼CEO，但日常運營大部分工作卻移交給了兩個弟弟。這些事給郭炳湘和郭家都造成了嚴重的創傷，但也成為了十年後人盡皆知的家族內戰的導火索。但是其中一個原因可以歸於唐錦馨，她是一名有野心的女律師，也是郭炳湘的青梅竹馬。郭炳湘和唐錦鑫很早就有了感情，但是郭德勝棒打鴛鴦，迫使他進入一段不幸的婚姻，這段婚姻僅維持了一年。郭炳湘最終娶了現任妻子李天穎。

從綁架事件中恢復後，郭炳湘將他的舊情人唐錦馨安排進新鴻基就職。漸漸地，唐錦馨的地位越來越高，在管理方面也越來越有發言權。

二〇〇八年二月八日，一則新聞公告稱郭炳湘由於個人原因將休假，郭家內鬥由此開始進入公眾的視野。在接下來的數月，媒體幾乎每天都會報導有關郭家的豪門恩怨。最後，郭炳湘被董事會投票出局並被他弟弟以精神有問題為由趕下董事會主席的位置。在努力未果後，郭炳湘訴諸法院，聲稱受兩位弟弟陷害，因為他們慫恿他去看醫生，當時醫生已經開了他根本不需要服用的藥。最終法院駁回了他的上訴。

郭炳湘最後被罷免董事會主席職務，由他當年已七十八歲高齡的母親鄺肖卿（Mrs. Kwong Siu hing）取而代之。不久之後，鄺肖卿就把主席的職位讓給郭炳湘的兩個弟弟。然而，家族的危機並沒有於此止步。二〇一二年，一位不願意透露姓名的人士向香港廉政公署告發郭氏兄弟二〇一二年在土地交易中收受賄賂。郭炳湘被懷疑是通風報信的那個人。

如今訴訟仍在審理中。二〇一二年，鄺肖卿將郭炳湘踢出家族信託的受益人行列，很明顯她對大兒子的行為很不滿。但是鑒於複雜的家族信託結構，而且郭炳湘沒有個人股權，她很難將股權在其他兩兄弟之間平分或者買下郭炳湘的全部股票。若是在沒有信託控股的情況下，家族可以買斷郭炳湘的股權或者分家，即郭炳湘得到自己該得的，其他的分給他母親和兩個弟弟。然而，這根本不可能實現，因為股權都已轉移至家族信託，而該信託不能解散，也沒有法律規定可以終止。這種僵局使新鴻基股東近幾年蒙受很大的損失。

在信託中，委託的股權是共同財產。家族成員不再是企業的直接所有人，而是信託的受益人。股權中的表決權、分紅權和轉讓權根據信託契約分配，並由受託管理委員會執行。受託管理委員會由核心家族成員、律師和會計組成。家族成員不持有特定比例的家族股權，而是得到一套「重新包裝的」不可轉讓權益。

如果創始人設立了永久信託，即在契約裡規定信託無論如何都不能解散，資產也不會轉讓，則鎖死的風險非常高，因為這種規定限制了企業運營的自由。由於不可預見的情況，這種條款的可行性是個問題。嘉士伯基金已有一百多年歷史，它的契約規定，該基金永遠是控股所有人。這意味著該基金永遠持有至少五〇%的股份，如果這樣，則嘉士伯不可能收購其他啤酒廠，並取得今天的成就。由於家族已退出嘉士伯，企業後來須訴諸法律來改變這種條款，對其重新解釋，這樣企業的擴張活動才不會受限。

財產共用問題。股權信託可以對家族受益人的激勵產生深遠影響。由於他們共同擁有一份資產，而且沒有權力出售自己的股票或退出，他們跟國有或社區企業的員工沒什麼兩樣。所以他們希望分紅、雇用親朋好友、為有趣的非家族活動提供贊助等等。而且他們較不願意將企業資金用於投資，因為投資不一定會有短期回報。

當家族規模擴大時，股權信託的鎖死和財產共用問題會變得更嚴重。我們研究了由家族信託控制的香港企業，發現在大家族中，當股權由信託持有，企業會將六二%的收益用於分紅；而如果股權由家族成員持有，則四三％的企業收益會用於分紅。由信託持股的家族企業將九％的收益用於長期投資，而那些由家族持股的企業將一一％的收益重新投資。如果家族規模很大，與家族成員直接持股相比，信託持股會伴隨企業發展較慢的問題，提供的就業機會也相應變少。

企業業績可以用市場價值除以帳面資產價值來衡量。平均而言，信託持股企業的業績與家族成員持股企業的業績大致相當。然而，在特定情況下，信託持股可能不如家族成員持股，尤其是當家族規模很大而且企業陷入財務危機或正處於混亂時期。

信託治理問題。受託管理委員會可以幫助化解家族紛爭。由於委員會通常由家族成員組成，所以缺少公正的協力廠商仲裁。受託管理委員會可能由一個家族成員（往往是經理或資深成員）和他／她的盟友主導，因此他們的決策可能比較自私，甚至可能會犧牲家族的利益。當家族紛爭不可調解，或者主導的家族成員處於絕望境地，則不可轉讓股權會加重這個問題。

「誰是老闆」問題。如果幾代之後家族成員不想再運營家族企業，則管理層的位置就會被外部職業經理人接管。家族成員不進入受託管理委員會效力後，能力不一的外部經理人會取而代之運營企業。最終，家族會成為被動的受益人，而職業經理人大權在握。在極端情況下，家族的影響力會消失殆盡，以至於企業好像根本不存在著所有人。

總之，將股權交給信託對很多家族來說有明顯的優勢，但是也會讓家族冒很大的風險。信託契約的精心設計會降低但不會消除這些風險。當企業股權由信託持有時，這裡有一些指導原則可供創始人參考。

靈活轉讓。企業創始人應該清楚將控股權益交給信託或基金的弊端。家族要保護其資產並維持控制權的想法無可厚非，但不可解散的信託和不可轉讓的股權並不能保證企業的永續經營。企業創始人必須靈活一點，如允許信託在可預見的未來（二十年或三十年後）解散。那時候如果他們的後代願意繼續經營家族企業，他們就有機會另起新的信託。

強化家族治理。完善的家族和信託治理是發揮股權信託作用的關鍵。家族是否有強大的價值觀將現有和未來的家族成員緊密團結在一起？他們是否會（將）在基本價值觀的基礎上尋找共同點？當做決策或與其他成員互動時，他們是否遵循這些價值觀並對家族和企業負責？他們會順從共同的權威來解決分歧嗎？他們對將來和現有家族成員負責嗎？只有強大的凝聚力，家族才能從各種路障中倖免，單單靠正式的股權和治理機制是遠遠不夠的。郭氏家族信託和新鴻基地產集團的案例提醒我們，當家族凝聚力已灰飛煙滅時，信託根本不能拯救家族企業。在這種情況下，信託會成為路障，使家族很難通過股權重組以停止內鬥。

信託治理。為了分配股權並執行相關權利，信託治理機制必須到位。原則上，信託契約規定，每個受益人都擁有現金流量權。除了現金分配，受託管理委員會會指派企業董事代表實行企業的表決權，其中一個董事將會擔任企業董事會的主席，也會基於契約的規定做其他決策。例如，在《紐約時報》的信託契約規定，任何決策都要經過八個受益人中的六個批准才能生效。此外，它還規定了修改契約的原則，如更改受益人的原則。因此，受託管理委員會手握實權，所以組建受託人委員會、尋找並激勵有能力又主動的受託人非常重要。

企業的永續經營與信託治理密切相關。受託管理委員會的結構應該很嚴密，並確保為了所有受益人的利益做決策。所以，除了家族成員以外，中立的非家族成員在委員會任職有利於家族和企業的發展。家族的所有分支都應在委員會中設代表，而不是讓一家獨大，同時規則和程式都應該透明化。

慈善信託／基金。將控股股權轉移至慈善機構的一個明顯優勢就是可以免稅。通過這種做法，家族和企業也可以為社會樹立一個良好的形象。慈善股權對企業的永續經營也有重要影響。

我們在第一章看到，台塑集團創始人王永慶將自己的控股股權轉移給一個慈善基金。他在九十二歲去世前並沒有立遺囑，而是給子女寫了一封公開信，聲稱他已決定將自己的商業帝國交給社會。王永慶的做法很高明，因為他不但做了慈善，還避免了當時臺灣實行的高達五〇％的遺產稅。多年來，他一直在問自己同樣的問題：台塑集團是誰的企業？我是否該將企業或家族的價值最大化？這兩者有衝突嗎？他肯定已經決定了要把企業交給社會，並為社會服務，因為他相信把企業留給社會是對台塑集團和他的家族最好的選擇。而且他的子女和孫子女應該在接管企業之前先去別處謀生或證明自己的能力。

每一個成功的企業家都要問自己類似的問題，並從中尋找答案。王永慶投入了畢生的精力建立了一個成功的商業帝國，但是他的家族似乎沒有那麼成功：他有數房妻子多名子女。在這種情況下，培養一個可持續的家族文化和價值觀絕非易事。而沒有這些文化與價值觀，台塑集團在他去世後就沒有穩定的基礎，所以他選擇把集團交給社會，而不是讓它成為家族恩怨的戰場。

慈善股權可以使家族企業引入正式的治理機制。慈善機構的董事會可以單純由家族成員組成，也可以納入非家族經理人和外部人士。但是如果引進沒有商業經驗的外部人士，慈善信託（基金會）會讓上述的「誰是老闆」問題更為複雜。信託法往往會規定一個慈善信託的外部受託人最少得有多少人，他們可以是傑出的文化或科學專家、社會賢達或慈善專家。例如，長庚紀念醫院的理事會（控制台塑集團的機構）的三分之一由家族成員組成，三分之一是非家族經理人，還有三分之一是外部人士，這與臺灣的有關規定的一致。嘉士伯基金（丹麥啤酒集團嘉士伯的控股機構）的受託人大部分都是具有科學或文化背景的知名人士，而且沒有什麼商業經驗。結果經常出現的情況是，這個控股機構往往很被動，實際領導權落在高級管理層手中。

挑戰四：上市

許多家族企業領導都忍不住要把企業上市（使股票可以公開交易）。這看起來很吸引人：通過上市可以為新投資融資，或者獲得現金以在家族成員中分配。然而，我們見過很多家族企業領導在上市後都有驚無喜。有的人很失望，最後不得不讓家族企業停止上市，然而這個過程消耗巨大資源，而且還要銀行或其他投資者的支持。如果家族企業家清楚上市和停止上市會帶來的挑戰，那麼那些令人不快的後果在許多情況下都可以避免。

讓我們先來看看將家族企業上市可能帶來的好處：

首先，企業可以通過上市獲得大量資金，用於資助大型投資計畫。通過在證券交易所上市集資往往是為企業未來發展融資的關鍵。為了維持對企業的控制權，家族可以選擇將一小部分股權上市或利用諸如發行差別表決權股票等控制權強化機制，而把那些具有優先表決權的股票控制在家族手中。

第二，家族可以通過上市獲得大量資金，這樣既可以增強家族成員的個人消費能力，也可以允許他們投資其他項目。還有一點就是上市可以讓它們的股權更有流動性。當家族規模越來越大時，成員之間在是否出售股票問題上會產生分歧。為了有錢花或讓投資多元化，有的成員希望出售自己的股票。在這種情況下，將企業上市可以讓每個成員自己決定是否將股票出售。在私營企業，有的成員熱衷並有能力從其他家族成員手中購買股票，但是這樣做很複雜；而在上市企業，家族成員個人可以選擇在證券交易所出售自己的股票，這要靈活得多。

第三，上市可以讓家族成員清楚自己手中股權的真正價值。給私營企業估值並不容易，有時可能會導致對立的利益關係。那些想要減少財產稅的人傾向於低估企業，而那些想要退出企業運營的會高估。如果他們最後從現有家族成員手中回購股票的話，尚在企業的家族成員或企業本身的資源會枯竭。根據我們的經驗，私營家族企業的股票估值往往會引發嚴重衝突，甚至會導致家族四分五裂。

第四，上市可能是家族退出企業的第一步。如果路障越來越多，而家族特殊資產對企業的作用越來越小，則根據家族規劃圖，家族會慢慢走向退出的道路。上市可以促進這個過程，因為它可以讓家族逐漸減弱自己在企業的影響，無論在所有權或管理權方面。

既然上市的好處如此之多，為什麼不是所有家族企業都以公開募股為最終目標呢？簡而言之，上市會讓家族失望的原因有三個。第一，上市企業與私營企業截然不同。對於上市企業來說，相關法律要求要嚴格得多。他們需要舉行股東大會、任命董事會和小股東打交道等等，這些都有嚴格的程序。如果企業創始人習慣了獨裁，或在周日午餐時間召開董事會議，那上市公司的董事會會讓他很不習慣。在許多國家，上市公司資訊傳遞的內容、方式和物件都有嚴格的規定。我們已經遇到無數企業家都覺得和董事會以及企業的新股東打交道非常麻煩。他們經常覺得，新股東對企業戰略方面幾乎沒做什麼貢獻，但卻在治理方面限制管理的靈活性。

第二，即便家族持有過半數股權，新股東也有發言權，並希望插手家族對企業的經營。他們可能會質疑領導層是否將企業管理好了？是否只為自己的利益，而不是為了全部股東的利益？是否可以為股東創造價值？或者其他人會不會做得更好？由於上市企業的資訊更公開，小股東稍不如意就可能會利用媒體批評企業家族。我們知道許多企業家都對新投資者表示深深的不滿，所以有些企業家就當他們不存在，同時繼續把企業視為封閉型的家族企業運營。

第三，家族對企業的控制權可能最終會受到威脅。即使所有權結構的設計很縝密，上市也會帶來長期的不確定性，以至於不久或多年以後威脅家族的控制權，但這在首次公開募股的時候卻始料未及。

企業上市的長期後果可以由吉百利巧克力王國的案例來解釋。我們在第二章已經提到，吉百利的家族特殊資產受貴格會的影響很深。根據家族規劃圖的預測，吉百利需要多次重新設計所有權結構，以應對家族、市場和制度路障。的確，第一次世界大戰後期，吉百利的所有權結構第一次出現了顯著變化。當時吉百利和它的主要競爭對手芳潤（Fry，也是一家貴格會企業）合併，此後持續了近一個世紀。這次合併的目的有兩個，一是為了拯救芳潤，二是阻止瑞士和荷蘭的競爭對手進入英國巧克力市場。理論上，這次是對等合併，但事實上，芳潤成了吉百利的附屬品，因為後者更強大。結果，企業持股的家族成員翻倍，但積極參與企業管理的成員卻很少。

一九四五年，吉百利和芳潤家族都對企業施加壓力，要求上市。當時的所有權結構已經非常複雜，而且兩個家族總共有二百多位成員。受貴格會價值觀的影響，吉百利第二代成員理查和喬治將他們大部分財產捐贈給慈善信託，而這些信託持有他們大部分的股票。許多芳潤家族的成員看不到他們持股的好處，資金自一九一九年始就被套在企業，而且股票無法出售。為了養活越來越窮的家族成員（他們名富實窮），他們有三個選擇：第一，隨遇而安，不做任何改變，讓家族成員自己想辦法賺錢；第二，如果兩家的家族成員願意出售他們的股票，吉百利家族擁有管理權的成員可以修枝剪葉並買下兩家全部的股票；第三，將企業上市，這樣他們的股票就有一個客觀的估價，而且家族成員可以隨意出售。

他們不太可能做第一個選擇，因為不參與管理的家族成員不斷要求出售股票，而且形勢對芳潤家族來說並不樂觀。第二個選擇也不可能，因為理查和喬治幾乎將他們所有財富轉移至慈善信託，所以他們沒有資金買斷那些想要退出的成員。所以他們的選擇只有第三個。幸好，參與管理的年輕家族成員也想要新資金支撐企業的進一步發展。

一九六二年，吉百利（或和芳潤合併後稱為英國可可巧克力公司）正式上市。當時，幾乎沒有人考慮到將來家族對企業控制權的問題。畢竟，吉百利家族和信託持有超過三分之二股權，所以他們的控制權怎麼會受到威脅？一九六九年，吉百利與史威士合併（在某種程度上為了保護史威士不被其他更大的競爭對手收購），攜手打造世界上最大的糖果企業之一。此後的幾十年間，合併後的企業在全球範圍內快速擴張，但是家族的股份卻顯著減少。為了防止對一個企業過度依賴，慈善信託和基金將它們的股票出售。

終於在二〇一〇年，美國食品巨頭卡夫（kraft）惡意收購吉百利成功。我們將在第七章講述這個收購的細節。

吉百利作為一個獨立公司的失敗令其家族和英國公眾震驚不已。但是回想起來，這只是它股權設計和發展的必然結果而已。首先，第二代成功的貴格會企業家已經將他們大部分財富轉移至信託和基金。其次，和芳潤的合併使被動股東越來越多，而積極管理者越來越少。再者，宏偉的發展計畫需要新資金的支援，這也是吉百利上市的主要原因。為了保持獨立，吉百利必須進一步擴張，所以它和史威士合併。但是當信託縮減投資以降低兩個企業各自的風險，家族通過股權的直接和間接控制權就消失了。由於投資者的投機取巧，史威士和吉百利被迫解散。最後，對沖基金在吉百利被收購過程中火上澆油，也為卡夫的成功鋪平了道路。

很明顯，當一九六二年吉百利家族決定將企業上市時，他們肯定預料不到今天的結局。但是這個案例有力證明了股權是一個動態的概念。隨著時間的推移，上市可以導致股權和控制權方面無法預見的變化。一九六二年，吉百利家族本來以為企業很安全，但是之後的投資縮減、被迫解散以及四十年的積極擴張使它淪為惡意收購的目標。

如果吉百利的所有權沒有隨著時間而稀釋，吉百利家族會避免企業遭此厄運嗎？或許，家族股份再多都不可能保護家族對上市公司的所有權。這是從愛馬仕家族案例中得到的經驗教訓，我們已經在第二章探討了他們強大的家族特殊資產。

一九九三年六月，與奢侈品行業的其他家族一樣，愛馬仕的後代選擇通過首次公開募股籌集資金，這樣既可以讓企業繼續實行其獨特的垂直整合運營模式，也可以讓不服的繼承人出售自己的股票。於是愛馬仕將所有股票上市，但是其中大約三分之二仍在超過五十名家族成員手中。首次公開募股不但很成功，股票甚至被超額三十多倍認購。由於愛馬仕家族持有公司三分之二的股票，所以領導層覺得上市並沒有什麼不妥。如此一來，外部人士肯定沒有辦法威脅他們的控制權。

但是他們錯了。

二〇一〇年十月，愛馬仕CEO派翠克・湯瑪斯在奧弗涅（Auvergne）騎車時接到了一個電話，是奢侈品企業集團LVMH的老總伯納德・阿諾特（Bernard Arnault）打來的。當得知阿諾特已經認購了愛馬仕一七％的股票，並有意收購愛馬仕時，湯瑪斯大為震驚，而且阿諾特正計畫在幾小時後召開的新聞發佈會上宣佈這一消息。當時，湯瑪斯腦海裡閃現的第一個念頭就是：阿諾特太不厚道了，他至少該提前打個招呼啊！他後來總結道，「阿諾特一點紳士風度都沒有」。

愛馬仕家族的大部分成員都覺得阿諾特是個不速之客，他的做事風格會毀了愛馬仕的獨特文化。他們擔心，他不但會像個「美國商人」那樣不擇手段，而且他成功的法則無非就是無邊的廣告和大肆的宣傳，加上不斷招募對他盲目崇拜的設計師——這和愛馬仕的風格完全不搭。但是阿諾特堅持稱，自己不會對愛馬仕或品牌的自主權造成威脅，他只是想幫助愛馬仕獲得更多的利潤。

愛馬仕家族總共持有企業七〇％的股份，阿諾特怎麼會是一個威脅呢？弄清這個問題的關鍵是，一九九三年的首次公開募股後，家族的所有權進一步被沖淡，如今家族有七十多位成員持股，所以他們每個人持有的股份都很少。即使他們看起來很團結，阿諾特還是計畫跟每一位可能有意出售自己股票的成員談判。據他推斷，如果他出的價錢合適，那麼在這麼大一個家族裡，一定會有人想出售手中的股票。阿諾特不但有現金，他還有耐心。此外，當愛馬仕家族的一個分支公開表示要和他合作時，他就更有信心了。

在這種情況下，愛馬仕家族該怎麼阻止阿諾特呢？由於家族股票的交易不受限制，他們只有兩個辦法：要麼家族買下全部流通股，讓企業停止上市；要麼他們還擊，給阿諾德一筆額外費用讓他不再騷擾公司。但是這兩個辦法都不怎麼樣：停止上市需要很多現金，而且家族不願意給阿諾特一大筆錢。

最終，他們的解決方案把重點放在家族股票的可交易性上。隨後，愛馬仕家族創辦了一個控股公司，該公司可以優先購買家族成員的股票。這個機制可以讓他們在未來二十年阻止至少五一％的家族成員股票不被轉移（至LVMH）。目前，該控股公司持有七三．四％的股票，均在蒂埃裡．愛馬仕的後代手中。

雖然這個方案可以有效保護家族的利益，但是愛馬仕的小股東卻遭受了損失，因為如果阿諾特成功的話，或者愛馬仕停止上市，他們可能會大發一筆橫財。毋庸置疑，LVMH反對這一方案，聲稱這不符合股東的利益，但是法院覺得這種方案合法。

通過創辦控股公司，愛馬仕家族成功保護了自己。但是他們（還有其他像他們一樣的家族企業家）也得到了一個慘痛的教訓。雖然這種控股公司在法國合法，但在英國或美國就不是如此。

重新規定已公開交易股票的可交易性對小股東而言代價很大，因為他們原本是在另一套規則下進行的投資。在改變交易規則情況下，他們的減損得不到任何賠償。那麼，如果愛馬仕不是法國奢侈品行業的標杆，而且阿諾特咄咄逼人的戰術沒有使他與法國政府的關係變得緊張的話，法國的法院會得出相同的結論嗎？這個問題很有趣，我們只能推測，因為永遠找不到答案。但是有一點很明顯，如果法院得出不同的結論，愛馬仕對家族的控制權就會受到嚴重威脅。

值得一提的是，如果愛馬仕家族在公司一九九三年第一次上市的時候就保護自己，情況就簡單得多。如果控股公司或其他控制權保護機制在首次公開募股階段就已經到位，新投資者在投資的時候就會清楚這一點，而且股票價格也不會把因潛在收購而產生的溢價計算在內。

吉百利和愛馬仕的案例生動地表明了上市如何對家族的控制權產生長遠影響。他們的故事告訴我們，如果上市的細節沒有做到位，家族企業再大，家族的控制權也有失去的風險。

所有權結構設計的四個啟示案例

正如本章開頭所述，所有權結構設計的目的是為了維持控制權、提供激勵機制並緩和衝突。下面我們將探討幾個所有權劃分的現實案例。我們希望這些案例可以給那些正在重新設計所有權結構的家族企業家一些啟示，並從中學習他們的成敗得失。

案例一：關鍵少數股份的作用

鏞記酒家（Yong Kee）是香港一個蜚聲國際的餐館。它的雛形是一九四二年甘穗輝（Kam Shui-fai）創辦的一個小吃攤。鏞記酒家以燒鵝馳名，一九六五年它被《財富》雜誌評選為世界十五家最佳餐廳之一，也是該雜誌唯一選入的一家中式餐廳。鏞記酒家由私人控股公司——鏞記控股公司（Yung Kee Holdings Ltd）所有。

甘穗輝退休後，他的兩個兒子甘健成和甘琨禮接班，並將餐館經營得有聲有色。二〇〇四年，甘穗輝去世，鏞記的股票在他的子女中分配。其中甘健成和他弟弟甘琨禮每人持有四五%的股份，而他們的妹妹甘美琳持有一〇%（本來是分給甘穗輝的第三個兒子，但他因患不治之症去世）。

後來，甘琨禮私下從妹妹手中收購了那一〇%的股票，因此他的持股份額達到五五%，而他哥哥只有四五%。他企圖篡奪鏞記控制權的行為引發了兩兄弟之間的一場惡戰。二〇一〇年三月，甘健成已有退意，所以他向高等法院提出申請，如果甘琨禮不買斷他的股權的話，他要求清盤鏞記控股公司。二〇一三年，香港法院最終批准了甘健成的申請，但是規定不能對股東、客戶或員工造成影響。然而，法院不能執行此判決，因為鏞記控股公司不在香港而在英屬維爾京群島註冊。在判決結果出來的前幾周，甘健成突然去世。媒體報導他的死與家族鬥爭有關。

甘穗輝將股份按四五％、四五％、一〇％的比例分配給三個子女的初衷是希望兩兄弟能共進退，攜手做商業決策，並好好照顧他們的妹妹。然而，這種分配卻造成了意想不到的後果。從中我們可以得到幾個教訓。第一，四五—四五平分的股權結構並不能保證家族和諧，也不能阻止家族內鬥。第二，這種股權分配削弱了家族對企業的控制權，而且加劇了家族衝突對企業產生的影響。第三，家族的小股東（如他們的妹妹）可能經常想出售家族股票並退出（常言道，一鳥在手，勝於二鳥在林）。簡言之，像四五—四五—一〇這樣不均衡的股權分配長期是行不通的。

然而，這種安排也有它的好處，因為家族所有權可以迅速在家族的一個分支（甘琨禮）手裡集中。在鬧上法庭不到兩年後，鏞記控股公司就被清盤，甘琨禮隨之也獲得了餐館的所有權。這表示，股權可轉移是解決家族爭端的一個重要機制。這種高效收尾與郭氏家族的緩慢進展形成了鮮明的對比。由於家族信託持有新鴻基地產集團的控股權益，所以家族紛爭不能通過股權轉移解決。

鏞記的創始人沒有遵循華人的傳統，把家族企業的過半數所有權交給長子。但是這種所有權結構的缺陷不久就暴露無遺，因為兄弟鬩牆已使企業經營中斷。如果企業穩定是首要考慮因素，他應該給其中一個兒子至少五〇％的股權，如五一—三九—一〇的分法，那麼這個兒子就擁有有效的控制權。

案例二：雙層家族股權結構

一個企業家在退休前將自己對企業的獨有權分配給他的妻子和六個子女。由此，他設計了雙層股權結構，第一層的股票具有表決權，而第二層的股票沒有表決權但有現金流量權。其中，他的獨子（繼任CEO）獲得四八%的表決權和二〇%的分紅權，其餘五個女兒每人獲得七%的表決權和一五%的分紅權，而他妻子最終獲得一七%的表決權和五%的分紅權。

通過觀察這種表決權和分紅權的分配模式，我們可以猜到這個企業家在設計雙層股權結構時考慮的兩點：控制和平等。他兒子（未來CEO）擁有近一半的表決權，所以，他的商業決策幾乎無可爭辯，除非其他家庭成員聯合起來對付他。分紅權的分配在六個子女中比較均衡，除了他們的母親獲得的份額比較少。這種分配方式就是為了確保對子女的公平。

在這個案例中，雙層股權結構使企業家可以將表決權與分紅權分離，因為兩者的目的不同。表決權的分配是為了提高企業決策的效率，而把否決權交給家庭的其他成員。分紅權的分配確保了所有家庭成員都可以從公司獲得足夠的收入，以維持體面的生活。但是這種結構有一個潛在的缺陷，那就是他兒子成為新CEO後可能會為了一己私利而利用自己的表決權挪用現金，同時不進行分紅。由於他兒子只能得到公司創造的價值的五分之一，他可能會將公司的錢用於私人消費，比如買房、買車或度假。或者，他可以利用公司的資產投資其他商業活動，從中獲取更大利潤。這些行為都可能會引發家庭衝突。當嚴重的家庭衝突爆發時，重新設計所有權結構刻不容緩。一種做法就是企業家的兒子回購其他家庭成員的少數股權。

案例三：交叉股權

假設一個家族有八十年的企業經營歷史，現由第三代管理。創始人有四個兒子，都是創業型人才。企業在二十世紀七〇年代至八〇年代初進行多元化經營，並創辦了四個不同的分公司，都附屬於該企業。每一個分公司持有企業二五％的股份。

剛好，家族的一個分支比其他三個更成功，而且四個分支之間有矛盾。二十世紀八〇年代，他們試圖設立了一個家族委員會，但是由於一個分支獨大而失敗。最終，家族企業分裂成四個分公司，並實行交叉持股的結構。在這四個分公司中，每個分公司持有各自七五％的股份，並共同持有其他三家分公司每家的二五％。

交叉持股的目的在於讓每一個分公司享有自治權，同時激勵所有成員踐行家族價值觀並實現資源分享。這種所有權結構至今還在該家族實行。我們發現這是一個很有趣的案例，其中每個家族分支都有動力發展自己的公司，同時保持家族整體和睦。因此，如果其他家族的不同分支在經營企業集團的不同分公司，我們相信這種交叉持股的模式可以給他們提供一點啟示。

圖5.2　家族四個分支的交叉持股

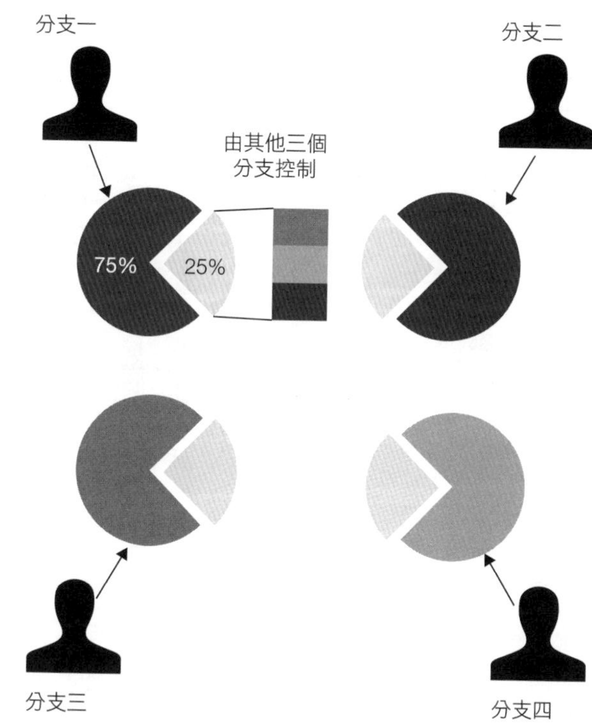

案例四：家族控股公司

假設企業創始人持有控股公司的控股股權，而該控股公司持有四個分公司的獨有或過半數股份，這四個分公司分別由他的三個兒子和一個女婿經營。由此看來，他的三個兒子和女婿都不持有他們所管理分公司的股權，或僅持有少數股權。企業創始人希望他去世後，控股公司的股權能在四個子女中分配。

在這種控股公司結構中，企業創始人的三個兒子和女婿都是分公司的實際管理者，他們只領取薪水作為報償。為了在父親過世後獲得控股公司的較大股份，他們會竭盡全力提高各自分公司的價值。

這種控股公司結構的一個優點就是，每一個分公司的管理者都可以從共同的家族資產中獲益。如果創始人授予他們決策權的話，他們就享有完全的自治權。此外，如果家族成員發生爭執，當事的分公司就會被逐出控股公司，並出售給各自的管理者（一個兒子或女婿）。然而，缺點就是創始人去世後，企業有被分裂的危險，因為他們四個人當中每個都會獲得控股公司的股權。因此，這種控股公司結構並不穩定，除非家族成員的價值觀一致，同時家族治理機制很完善。

擴展閱讀

Bennedsen, Morten, Robert J. Crawford, and Rolf Hoefer. Hermes. Case Pre-Release version, INSEAD, Fall 2013.

Cadbury, Deborah, and Morten Bennedsen. Cadbury-The ChocolateFactory: Sold for 20p. (Part 2) . Case Pre-Release version, INSEAD, Spring 2013.

Leung, Winnie S.C..Concentrating Ownership in Family Firms: The Case of Family Trusts. Ph.D. thesis.

The Chinese University of Hong Kong. 2010.

Villalonga, Belen, and Chris Hartman, New York Times Co. Harvard Business School Case (207-113; 209-017), 2008.

本章重點

- 所有權結構可以影響激勵機制和企業運營，甚至還會影響家族成員、家族經理人和企業其他股東的行為。
- 完善的所有權結構是良好治理的關鍵，也是減輕路障影響的最有效方式，無論是家族路障、市場路障還是制度路障。所有權結構的靈活性至關重要，因為隨著家族和企業的發展，最佳的結構可能也要反覆調整。
- 家族企業在設計所有權結構時面臨的四大常見挑戰：

一、在不放棄家族控制權的前提下如何為企業擴張融資；

二、家族壯大後如何避免所有權被稀釋；

三、全盤上市還是部分上市；

四、如何充分利用諸如信託和基金之類的機構持股方式。

- 雖然信託目前在歐洲和亞洲很普及，但家族和企業必須清楚，信託和基金會帶來諸如鎖死和搭便車之類的問題。
- 我們建議家族和企業將信託的解散程序化，並慎重挑選有能力的受託人。

下一章我們將話題轉向企業傳承。我們將探討全球的家族企業在代際傳承中會面臨怎樣的挑戰，以及如何利用長遠規劃克服這些挑戰。

第六章　傳承

所有家族企業的創始人或現任負責人有朝一日終將退休。在理想的情況下，現任家族領導在絞盡腦汁想出合適的傳承模式後，會在退休前和整個家族溝通他的傳承計畫。他們會選擇最好的時機退位，好讓下一代接班。在為家族企業獻身多年之後，他們將開始在「外」享受生活，從此不再參與企業經營，除非需要他們提供一些歷史經驗或建議。下一代也會贊同所選的模式對企業和家族是最佳的，並欣然接受他們作為所有者和管理者的新角色，非繼承人也會同意不再直接參與企業運營。

然而，在現實中，幾乎沒有一個傳承場景會如此上演。在很多情況下，創始人不會作任何接班準備。由於長遠規劃費時又費力，還會引發一系列與企業、個人、家族有關的問題，所以很多商業領導人選擇一拖再拖。但是，忙碌的企業家隨時都可能有突發危險，這一點不容忽視。

對任何一個家族企業而言，無論是第一次、第二次還是第三次傳承，這個問題都非常關鍵。本章我們將研究家族內繼承，即控股股權的代際傳承。我們將集中探討企業家族應該如何應對傳承準備過程中最常見的挑戰。此外，我們還會探討所有權的代代相傳以及如何在家族管理人員與外部經理人之間確定接班人的人選。下一章我們將分析退出問題，其中包括個人退出管理層或放棄所有權以及整個家族退出企業。

圖6.1總結了我們在第四章概述的家族規劃圖，這是我們本章的出發點。在理想的情況下，如果家族的特殊資產強大而且面臨的路障很少，則家族繼承人比較適合接管企業。因為家族特殊資

圖6.1　家族內繼承路徑

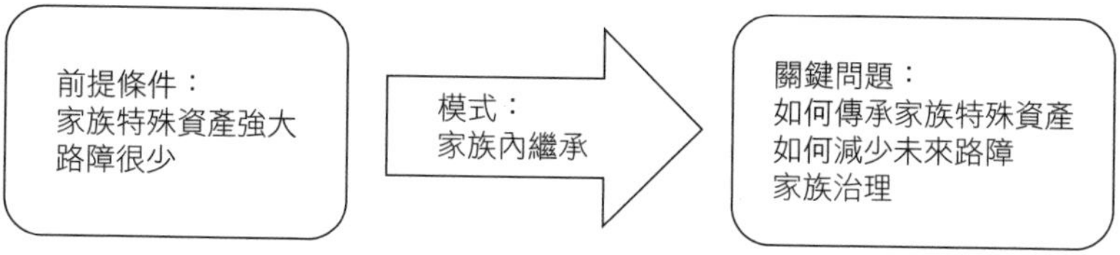

前提條件：
家族特殊資產強大
路障很少

→ 模式：
家族內繼承 →

關鍵問題：
如何傳承家族特殊資產
如何減少未來路障
家族治理

產是制定成功商業策略的基石，也可以一代一代傳承下去，而有效的治理結構確保了集中的所有權不會限制企業的發展，也不會給家族帶來重大挑戰。在這種情況下，家族規劃圖會提示，家族內繼承是對企業發展最好的模式，因為它會創造其他模式無法比擬的價值。

然而，有效的治理結構和實踐並不是輕而易舉就能實現的，這需要提前規劃和耗費很多精力。一旦明確了家族特殊資產和路障，傳承規劃的關鍵就在於將家族特殊資產最有效地傳承給下一代，同時制定治理機制以降低未來路障的成本。重點是如何整合下一代資源並培養他們利用家族特殊資產的能力，如強大的人脈資源、家族姓氏和傳統或老一輩的價值觀導向領導。另一個重要問題就是對所有權和未來管理權結構進行設計，以應對來自家族和商業環境的挑戰並降低其中的成本。由於家族已經決定繼續經營企業，所以家族治理和溝通是家族內繼承成功的一個重要因素。

如果創始人不單獨做傳承決策，那就是整個家族的事了。這要求兩代人都要深刻地做自我反省。對老一輩來說，他們會琢磨如何使此次繼任惠及整個企業和家族，像如下問題：

- 這些孩子中有沒有人希望接我的班管理企業？
- 如何在能力相當的孩子中選擇？
- 他們會是好領導嗎？企業會不會在他們的領導下慘不忍睹？
- 這幾個繼承人將來會團結一致嗎？他們的性格合拍嗎？還是會同室操戈？
- 我們應該怎麼培養他們進一步發展企業所必需的能力？
- 我們應該如何支持那些想自立門戶的孩子？

與此同時，年輕一代會思考如下問題：我想加入家族企業嗎？我應該就在家族企業起步還是先去外面累積經驗？就繼任時機和退休問題我父母都是怎麼想的呢？

這些問題看起來與別人毫無關係，而且因家族所處的國家和文化的不同而有所差異。然而，我們堅信企業家族可以從別的家族中學習，我們甚至能從結構性分析中找出一些共同點。

在我們之前所舉的案例當中，很多都表明了為某個家族企業尋找一個合適的傳承模式有多麼困難，還說明了各種模式應該如何考慮具體的家族特殊資產和路障。奧克斯·蘇茲貝格家族透過信託結構成功確保了家族未來的控制權，並給予既有能力又有抱負的家族成員為企業效力的機會。當阿道夫·奧克斯即將卸任《紐約時報》總編輯的職位時，他任命女婿接他的班。為了讓所有子孫都能參與到企業運營中，他設立了一個信託，並規定這個信託將持續生效，直至他女兒伊芙過世。正是這個信託將整個家族凝聚起來。所以當二十世紀九〇年代這個模式因伊芙的去世而失效，奧克斯家族立即用一個新的類似模式取而代之，從而將家族的控制權延長了至少五十年。

台塑集團創始人王永慶也設計了一個複雜的傳承模式，並將重點放在企業的永續經營上。當他於二〇〇八年辭世時，企業的實際所有權和控制權被轉移至當地的一個醫院，這個醫院由他創辦，而且他也資助了幾十年。他認為，企業的永續經營需要穩定的所有權和控制權。如果將所有權直接傳承給三個不同家族分支的十二個兒子，那可能會天下大亂。

穆裡耶茲家族設計了另一套傳承模式，他們的重點是如何在如此龐大的家族中激勵和團結各個成員。通過內部教育和培訓，允許家族成員持有集團股份，並強調「百萬一心」的原則，他們發展了一套獨特的繼承模式。在諸如歐尚、迪卡儂之類的零售連鎖店成為地區或全球領先企業的過程中，這套模式起到了至關重要的作用。

然而，家族內繼承可能會因社會或主流的傳承文化而面臨挑戰。例如，日本家族選擇讓女婿入贅來解決「人力」問題，但大多數華人家族不會這麼做。家族特殊資產的傳承，如延伸性企業、監管或政界人脈、家族核心價值觀和傳統，將涉及如下問題：

- 企業家應該如何培養下一代對家族企業的興趣？
- 如何讓下一代接手企業管理權和所有權？

- 他們需要什麼樣的教育和技能？
- 他們應該有什麼樣的野心？
- 如果家族成員多，那麼如何給所有有志於管理家族企業的子女提供就業機會？
- 如何處理與繼承相關的稅務問題？

我們將這些問題分類為六大關鍵挑戰。全世界的家族和企業在繼承過程中都會面臨這些挑戰，其中包括：繼任文化的挑戰，傳承家族特殊資產的挑戰，勝任的挑戰、變革的挑戰、規劃的挑戰以及制度路障的挑戰。

下文將會對每個挑戰做具體分析，並指導家族企業如何應對它們才能為將來創造最有利的條件。對於那些全球家族企業經常面臨的挑戰，我們將會重點分析。它們也證明了，家族企業只有克服繼任期間的挑戰，即成功傳承家族特殊資產並減少路障，才能代代相傳、欣欣向榮。在我們探討企業家族應該如何實現成功傳承之前，讓我們先分析家族內繼承的現狀。通過分析家族內繼承的後果，我們將明白企業家族在傳承企業時究竟面臨著多大的挑戰。

家族內繼承的經濟後果

如果第一代家族企業能走到繼任的地步，那它們就是成功的企業。大部分企業的生存期都不會超過十年，而經歷繼任之後蓬勃發展的企業更是少之又少。美國著名金融家、投資巨頭華倫·巴菲特（Warren Buffet）曾經將家族內繼承比作「（就像）在二〇〇〇年奧運會金牌選手們的長子中，選擇二〇二〇年奧運會的參賽選手。」他的類比抓住了家族內繼承最有趣的一個問題：如果讓「能力平平」的孩子繼任「天才」的企業家，那麼企業還會興旺發達嗎？

並非只有巴菲特有此懷疑。這就是為何大多數語言文化中都會有「富不過三代」這一說法。我們也經常聽說某個成功的企業家辛辛苦苦打下一片江山，卻眼睜睜看著它敗在既無能又無志的繼承人手中。

的確，對於家族內繼承的做法褒貶不一。從積極的一面來看，通過對企業的長期所有，新任的家族CEO都會對企業有深入的瞭解，並會竭力保護企業的利益。相對於外部經理人而言，家族管理人員更善於利用強大的家族特殊資產制定商業策略，因而獲得的收益也可能更大。從負面角度來看，我們不能想當然地認為，企業家最有繼承人資格的子女可以與外部的最佳繼任人選匹敵。如果市場上管理人才比比皆是，而且企業本身又很有吸引力，職業經理人的人選將遠超家族管理人員，這時堅持選擇內部人士作為繼承人就略顯短視。

那麼，家族內繼承可能會給企業帶來什麼樣的後果呢？我們來看看相關研究。最簡單的研究方法就是比較企業在家族CEO和外部CEO上任前後的業績變化，這也是經濟學家所謂的「雙重差分估計」。

在一項關於美國大型企業的開創性研究中，斯坦福大學商學院的弗蘭西斯科・佩雷斯—岡薩雷斯（Francisco Perez-Gonzales）教授分析了美國前五百強企業在經歷家族內繼承後面臨的經濟後果，這些企業中近三分之一都由家族控制。他比較了任命家族CEO和聘請外部經理人之後這些企業收益的平均變化。衡量收益的方法就是將企業繼承前三年和後三年的盈利除以資產的帳面價值。

他發現，在美國前五百強企業中，繼承有助於提高企業的業績。平均起來，每換一任CEO，行業調整後的業績會提高一個百分點左右。然而，這主要是企業自身的原因，不涉及家族內繼承。一般而言，家族內繼承會對運營業績造成重大的負面影響。在選擇外部繼任者和家族繼承人的兩種企業之間比較，業績相差近兩個百分點。

這項研究表明，要想提高家族內繼承的效果，繼承人的教育是一個很好的出發點。如果家族繼承人在頂級學校或商學院接受了精英商業教育，企業的收益明顯更高。事實上，受過良好教育的家族CEO與外部CEO的表現至少相當。

這些研究結果只適用於大型美國企業嗎？我們對亞洲和北歐企業進行的研究表明，事實並非如此。亞洲的家族企業比美國和歐洲多，所以為了研究企業繼承的經濟後果，我們在新加坡和香港、臺灣選取了近二百五十家上市企業。大約六五%的企業為家族內繼承，二二%左右的為外部繼承，其餘的企業直接賣掉。由於這些企業都已上市，我們根據上一任董事長卸任、下一任接班人上位那年前六十個月和後三十六個月的月累積市場調節股票收益來衡量企業的業績。我們的發現只能用驚人來形容。

有關繼承年度前五年和後三年的資料表明，企業價值平均蒸發了近六〇%。無論哪種繼承類型都會導致這種巨大的企業價值滑坡，家族內繼承與外部繼承事實上並無明顯差異。這就是為什麼企業繼承是大型亞洲上市企業面臨的最大挑戰之一。實際上，在創始人即將退休時，不僅僅企業會蒙受損失，整個亞洲地區的經濟甚至都會受到影響，因為家族企業佔據了亞洲公私營企業的一大部分。在過去的五十年間，大部分亞洲國家經濟的騰飛很大程度上是因為那段時期企業家創辦的新企業如雨後春筍般湧現，而這些企業家現在都面臨退休，所以我們就能大致瞭解企業易主對該地區的經濟將會是多麼大的衝擊。

我們還發現，大部分企業的價值都在董事長辭職前蒸發，而且之後再也不能彌補。這表明繼任的時機是關鍵。在多數情況下，不是創始人的退出不合時宜，就是他們沒找到合適的繼承人選，所以只能繼續任職。這也表明創始人象徵著十分重要的家族特殊資產，而這些資產不能有效地傳承給下一代。

我們的研究不僅突出了創始人即將退休（或在領導期間辭世）時，亞洲企業要面臨的巨大挑戰，還強調了做長遠繼任規劃的緊迫性，因為這是降低創始人退休和家族內繼承成本的關鍵。

家族內繼承都會造成巨大的損失嗎？上述的例子都集中在美國和亞洲的大型企業，但是一般家族企業都比這些商業帝國小得多。大部分家族企業的規模只是中小型，它們的員工人數少，而且組織和財務結構簡單。為了給典型的家族企業提供建議，我們需要仔細研究它們在繼承過程中面臨的經濟挑戰。

為此我們調查了丹麥六千多家私有企業，並密切關注它們的繼承過程，這是目前對企業傳承問題最龐大的一項研究。由於各個國家和文化背景下的中小型家族企業大同小異，相信我們的發現可以反映全球家族企業的繼承情況。

我們的第一個發現就是，如果家族企業任命家族成員為新管理人，那它在被接任前五年的境況會比任命外部經理人的企業好。原因有兩個。第一，大多數父母都指望自己的子女接班，所以在把企業交給子女前，他們會竭盡全力提高企業的運營與財務狀況。第二，如果子女可以在加入家族企業或去其他企業就業兩者之間做選擇，子女更願意接手運營良好的企業。對中小型企業而言，父母往往必須真正做成幾樁買賣，才能說服子女接管企業。如果企業的前景一片光明，那麼加入家族企業自然更具吸引力。

我們還發現，如果管理層由家族成員繼任後，那麼產業調整後的企業經營業績會下滑。據我們估計，以每一百萬歐元的資產來看，任命一個家族CEO的成本約為八千歐元。在所有權轉移過程中，我們發現，家族繼承人也會對企業業績產生類似的不良影響。平均而言，所有權在家族內轉移的企業會在繼承之後的三年間經歷業績滑坡，而非家族內的所有權轉移不會造成這種後果。簡而言之，無論是轉移管理權還是所有權，家族內繼承都會影響企業業績，而聘用外部經理人或所有人則不然。

你可能會認為選擇家族內繼承的企業普遍比選擇其他繼承模式的企業狀況要好（由於上述原因），也就是說，如果我們考慮到兩者之間已有的差異（如，在某些行業或對某種企業類型而言，家族內繼承更常見），則家族內繼承要花費的成本可能比上面估計的還要高（即每一百萬歐元的資產成本為八千歐元）。但即便如此，大部分中小企業的生存不會受到威脅，原因只有一個：在決定加入企業前，子女考慮的不僅僅是企業的現狀，他們也會評估企業發展的機遇。因此，如果企業的未來光明，他們會迫切想接管它；相反，如果企業前景慘澹，就不會那麼迫切。潛在的商業機會（雖然不能衡量）可能會在未來產品的發展過程中或進入新市場時出現。如果沒有明顯的方式可以提升企業的未來業績，能力強的子女會選擇去其他地方施展抱負，所以父母不得不雇用外部經理人或變賣企業。

雖然雙重差分法可以幫助我們瞭解家族內繼承可能會給企業帶來的經濟後果，但是它不能準確估計未來商業機遇的成本。原因是如果選擇家族內繼承的企業確實有更好的商業機會，我們可能會低估家族內繼承的成本，因為有些企業不僅在可衡量的指標方面表現更差，而且還不會利用得天獨厚的優勢。

幸好，我們可以用現代統計方法衡量家族內繼承的成本。這種方法將企業的業務前景差異考慮在內。我們可以通過一個醫學類比理解這種方法。假設我們是醫生，需要衡量一種新藥的藥效，這種藥就叫「家族內繼承」。在醫學領域，我們會取一百家企業作為樣本，並拋硬幣決定哪些企業會選擇家族繼承人，哪些會雇用外部經理人。對於一個研究人員，他不可能買下一百家家族企業來做這種隨機試驗，這麼做也沒什麼用，但是我們可以做一些類似的事。我們可以尋找一些自然事件，來將這些企業隨機分到不同繼承模式的兩組。我們所說的隨機分配指的是影響繼承模式選擇的事件，與企業業績、個人興趣或未來商業機會無關。

我們發現，如果企業家族的第一胎是女兒，他們在家族內傳承的可能性會比第一胎是兒子低一〇%。我們把這個發現作為出發點。由於經濟學家眼中第一胎的性別跟醫療研究人員眼中拋硬幣幾乎是一個概念，我們就利用這種隨機性，加上先進的統計方法，以算出一個隨機選擇的企業家族繼承的真正成本。這樣我們就可以知道如果企業在相似的情況下選擇兩種繼承模式，其業績會有何差別。

我們發現，如果把企業隨機分配到家族內繼承或外部繼承的模式中，家族內繼承的成本明顯比我們最初預計的要高。我們的最佳估計是，對普通的中小企業，在企業傳承後的三至四年間，家族繼承人不會創造任何盈餘，而外部繼任者既不會影響也不會提高企業的業績。這兩者的差別很明顯，而唯一一個不那麼明顯的原因是，選擇家族內繼承的企業一開始的境況就比較好。

總之，對三個大洲企業管理權和所有權繼承的研究表明，讓家族成員接管企業的成本不蜚。雖然並非總是如此——因為也有許多家族繼承人都在企業業績和發展方面做出了驚人的成績，但是一般而言，家族繼承人與外部繼承人相比不但不會有所貢獻，而且可能會摧毀企業的價值。

我們的這些發現明顯和先前「家族企業勝過非家族企業」的說法有所出入，這該如何解釋呢？

事實上，比較研究確實會產生矛盾的結果：有的家族企業蓬勃發展，而有的卻表現不佳。這種差異的原因之一就是對家族企業的定義不同。根據多數對美國家族企業的研究，如果企業的董事會有創始家族的成員，那這個企業就是家族企業，即使家族已不再擁有實質所有權。然而，在世界其他地區（包括亞洲和歐洲），家族企業幾乎總是將所有權集中在手裡，並任命多個家族成員為企業效力。

更重要的是，許多研究未能回答一個根本性問題，那就是為何家族所有權和／或管理權在某些商業活動中會產生價值，而在其他商業活動中毫無益處。正如我們的家族規劃圖所強調的，這是機遇與路障的問題。如果企業善於利用家族特殊資產的戰略優勢，並降低路障的成本，那它成功的可能性就大。相反，如果企業沒有什麼家族特殊資產，而且面臨重重路障，則它的表現就會很糟糕。

這對很多企業家和家族來說可能很令人沮喪，但是我們相信，成功的家族內繼承關鍵在於懂得未雨綢繆，然而很多企業家族都會忽略這一點。任何一個家族如果想長期擁有並管理企業，他們就要制定長遠規劃和完善的治理機制。只有透過學習其他家族企業如何制定商業和治理策略來應對繼承帶來的挑戰，企業負責人和他的家族才有成功的希望。

接下來我們將探討與繼承有關的挑戰，以解釋為什麼家族內繼承往往會導致不佳的業績表現。通過研究來自三大洲二十多個國家的家族企業，我們提出了企業傳承面臨的六個最重要的挑戰。我們的目的是提供一個工具箱，幫助企業在繼承過程中提高家族特殊資產的轉移效率，並避免最危險的路障，從而提高家族內繼承的成功機率。

繼承文化的挑戰

「繼承文化」指的是指導家族分配企業所有權和管理權的一套慣例和傳統。為了理解繼承文化的重要性，我們可以再看一看法師溫泉旅館這個例子，我們在第二章提到過，法師溫泉旅館至今已傳承了四十六代。

幾個世紀以來，法師家族（以及其他老牌日本家族企業）沿用了為家族量身定制的繼承模式，這個模式可以有效減少家族路障。想像一下，如果一個小型家族企業已經傳承了四十六代，每一代平均有兩個已成年子女，這兩個成年子女每個人又有兩個子女，以此類推。四十六代後，這個家族的成員人數將會達到幾百萬！即使有一個機制能夠使一個千人持股的小旅館成功運營，這在管理層也會引發大量的問題：誰可以晉升？誰應該是下一任領導？他們不可能對每一個成員都公平。

如果要公平對待每一個成員，其他挑戰也會由此引發。假設在每一代，所有權和管理權都僅限一個成員繼承，其他子女只能得到一份等額的家族財富作為補償。若是這樣的話，企業靠二分之一或三分之一家族資源存活的概率很小，這個小概率如果再乘以四十六次方，那就接近於零了，因為這會耗盡企業的資源，並危及它的長期生存。

那麼，是什麼樣的繼承模式使法師家族走過了一千三百年的風風雨雨，並將那個小旅館傳承了四十六代呢？透過採訪法師先生，我們發現一個奇妙的傳承過程，那就是無論結果如何，他們只將精力集中在傳承強大的家族特殊資產，同時減少由於家族壯大帶來的路障。根據下列的規則，旅館的所有權和管理責任只能賦予每一代的一個成員：

- 長子是默認的旅館繼承人；
- 如果這一代沒有兒子，則長女的丈夫要入贅法師家族，並成為繼承人；
- 大多數子女的婚姻都是包辦的（他們不能靠戀愛結婚）；

- 如果這一代沒有子嗣，則法師家族將領養一個繼承人，這個繼承人會將家族和旅館的傳統發揚光大。

我們來看看這些規則背後的含義。第一，法師家族的繼承模式把重點放在明確唯一的繼承人上，以避免所有權被稀釋。第二，日本傳統文化偏好男性領導，所以如果子承父業得不到保障，法師家族就通過上述的第二和第三個規則解決這個矛盾。由於法師家族在日本極富名望，所以很多人都想通過婚姻成為他們的一員。通常情況下，長女會和另一個古老的家族聯姻。第三，日本的家族企業都有一個傳統，那就是領養有能力的男性繼承人。類似的還有著名的豐田家族、三井家族和鈴木家族。

那法師家族是如何處理後代成員人數的增加呢？誰可以在家裡生活？他們的繼承模式給出了具體的應對步驟：

- 如果老法師善五郎退休，已選定的繼承人（無論是親生的還是領養的，都姓法師）會將名字改成善五郎。所以在過去的四十六代中，雖然法師旅館的負責人不同，但他們的名字都一樣，都叫法師善五郎；
- 女兒通過包辦婚姻成為其他知名日本家族的一員，因此也放棄了法師的姓氏；

- 次子或更小的兒子也通過婚姻成為其他知名日本家族的一員。他們會入贅女方的家族，並隨女方姓；
- 由於絕大部分家族財富都與旅館的經營綁在一起，繼承人又是獨一無二的，所以其他後代得不到任何遺產。

法師善五郎說，名字是家族傳統不可分割的一部分，因為它確保了傳承的穩定。除了名字的象徵意義之外，我們還覺得，法師溫泉旅館擁有我們所見過最強大的家族特殊資產：家族四十六代的歷史和傳統。繼承人的挑選過程和一致的名字使家族特殊資產得以一代一代有效傳承。假設法師溫泉旅館由一個女兒的丈夫管理，而他用的是自己的姓氏，則法師的傳奇將不復存在。但如果允許這麼做的話，後代成員就永遠不會姓「法師」了。

這些規則可能看起來很不公平，但是現任的法師善五郎覺得它們是非常必要的。它們構成了旅館商業模式的基石，而且這種模式不容易受到威脅。當被問及他如何安撫其他子女，他說他會集中精力為他們投資，讓他們接受最好的教育，為他們在旅館之外的人生做準備。他承認，他正處於一個進退兩難的境地，因為一方面需要資金撫養子女，而另一方面家族財富必須專門用於旅館經營以確保旅館的美好未來。

他還表示了對二戰後許多日本知名家族企業被「美國化」的擔憂，尤其是它們越來越傾向於透過分配所有權來供養子女或從企業挪用資金以補償非繼承人的後代。在他看來，這就是為什麼近幾十年來一些老牌家族被迫退出企業經營的原因之一。然而，他承認，文化總會改變，所以將來很難繼續實行上述嚴格的男性和企業導向的繼承模式。

傳統日本企業的繼承模式千差萬別。月桂冠株式會社的釀酒歷史已長達四百年，它也已經和大倉家族的十四代成員（包括兒子、女婿和養子）風雨同舟過。然而，企業的所有權已經被稀釋。現任社長大倉治彥和他的四個兄弟持有不到一〇%的股份。其他類似的企業有著名的禮儀茶藝學校（Enshu Sado）和擁有三百五十年歷史的岡穀貿易集團。

在日本，傳統的繼承文化嚴格奉行長子繼承制，今天也一樣。幾百年來，許多歷史悠久的歐洲家族也遵循這種原則，而且大部分國家的王室至今還沿用這種繼承模式。雖然戰後的日本文化已被「西化」，但明顯的文化差異依然存在。日本的離婚率很低，夫妻在家庭責任劃分中仍然是嚴格的「男主外女主內」，他們對父母也很孝順。調查顯示，像企業家這種為生計奔波的人，他們的家庭觀念比較強。這種社會趨勢對於設計正確的繼承模式很重要。

在法國，政權穩固的王朝仍然沿用拿破崙時代遺留下來的嫁妝繼承模式。家族企業的嫁妝有多種形式，但是最單純形式的嫁妝涉及如下規定：

- 家族財產的三分之二在下一代的男性成員中平分；

- 剩下的由老一輩決定。通常情況下，長子會得到這筆財產，因為他將是家族企業未來的領導；
- 女兒分不到財產，但是會得到一筆嫁妝，這筆嫁妝的數額與她結婚時未婚夫的財產數額一致。

與日本嚴格的繼承模式一樣，嫁妝模式旨在通過將企業傳承給男性繼承人（家族內的）確保企業在自己人手中，同時也確保女兒和除長子之外其他兒子的生計。然而，由於女兒的嫁妝必須和其未婚夫的地位或財富相匹配，家族不得不在企業之外另募資金，這在某種程度上會限制家族企業的未來發展。

許多大型歐洲家族企業將所有權在繼承人中平分。所以，當家族壯大，成員人數成百上千時，所有權必然被稀釋，比如我們已經介紹過的文德爾家族。目前，已有一千多人共同擁有文德爾控股公司，而該控股公司持有文德爾投資公司三八%的股份。比利時索爾維集團背後的楊森家族更甚。這種繼承模式會帶來一個嚴峻的挑戰，即如何激勵大量企業所有人，以及如何將家族和企業利益分離。

今天，嫁妝模式在歐洲已不常見，但亞洲和中東國家的許多家族仍然延續這種做法。在中東，每個國家的繼承文化迥然不同。沙烏地阿拉伯、阿聯酋和科威特受伊斯蘭教教法的影響很大。許多家族企業由第一代或第二代成員管理，而家族的結構錯綜複雜，往往第一代就有很多兄弟姐妹，所以第二代就有很多分支。

在伊斯蘭教教法不盛行的國家，通常是男性繼承人共用所有權，而下一代所有家族成員在企業都有分工。此外，家族還負責女性成員的生活，因為她們不會成為所有人。所有權因此被稀釋，而且很少再議。家族長子會和父親一同經營企業，並在父親辭世後接管。長子在兄弟和親戚之間的討論中擁有絕對的發言權，而且往往背後都有一位德高望重的女家長在支持。

無論繼承文化是否明確，世界上大部分家族企業在制定繼承模式時都遵循嚴格的規範和準則。由此我們不禁會問，如果沒有繼承文化，企業的結局會更好嗎？我們的經驗顯示事實並非如此。繼承傳統的缺失將會帶來更大的麻煩。通常情況下，社會和政治制度薄弱的發展中國家在財富的代際傳承方面沒有既定的文化。奈及利亞自獨立以來最有影響力的企業家阿比歐拉（Chief Abiola）就提醒我們，繼承文化的缺失足以毀掉一個商業帝國。

奈及利亞的阿比歐拉

當奈及利亞經濟開始走出二十世紀八〇年代全球經濟低迷的陰霾時，阿比歐拉脫穎而出，成為一名先鋒企業家。他從一名進口商起步，迅速向航運業、報業、電信業、航空業、農業、銀行業、房地產業和石油業進軍。他的快速發跡離不開他與軍事和政治集團的親密關係，這種關係使他獲得利潤豐厚的合同還有政府的津貼。他並未成立任何公司，他的利益分散在許多企業，或僅僅擁有它們的完全所有權。

阿比歐拉是家裡的第二十三個孩子，也是第一個沒有夭折的孩子，所以他本人有四十多個孩子並不奇怪。當他還很年輕的時候就擁有輝煌的事業，那時他的長子已經三十出頭了。至於他的子女是否參與他的事業，目前沒有明確的證據。然而，由於沒有一套企業整合和管理模式，他早期的很多創業都以失敗告終。他的多位兄弟和妻子擔任一些企業的CEO，其中包括阿比歐拉農場（Abiola Farms，由一個兄弟管理）和協和報紙（Concord newspaper，由一個妻子管理）。

二十世紀九〇年代，阿比歐拉棄商從政，並於一九九二年贏得總統大選。但軍方強令停止計票，並宣佈競選無效。隨後，政府開始陸續不給他的各種企業頒發運營許可證，使得它們掙扎於資金短缺的饑渴邊緣。最終，阿比歐拉的商業帝國分崩離析。

由於阿比歐拉的利益和資產沒有整合至一個控股公司，他的家族也沒用控股股份，所以他的後代沒有什麼可繼承。雖然他留下了多個遺囑，但這只能讓「財產繼承」問題雪上加霜。時至今日，法院還未判決。

奈及利亞憲法不僅承認民法的合法性，還承認國內二百五十個民族的風俗習慣合法。民法規定一夫一妻制，但是慣例法卻允許一夫多妻制（通常最多四個）。在這個國家，居高不下的嬰兒死亡率意味著大家族已是常態。因此，傳承規劃是一個棘手的問題。雖然傳統規定長子將繼承所有或大部分財產，但在一夫多妻的家庭裡，尤其是多房妻子之間衝突不斷時（隨後引發子女間的衝突），事情就沒有這麼簡單。在家族的大家長去世時，他的各種正式或不正式的遺囑往往都成為爭論的焦點。很多情況下，家族財產都快耗盡了爭論卻還在繼續。但是在奈及利亞北部伊斯蘭教盛行的地區，由於伊斯蘭教有嚴格的繼承規定，這種爭論就比較少見，至少沒有那麼高調。然而，多數企業都在奈及利亞南部地區，這些地區的大部分人信奉基督教。

奈及利亞家族企業的一個共同點就是缺乏繼承規劃。在這種沒有任何繼承文化的極端情況下，如何對企業的傳承進行規劃呢？對於不互敬互愛的不同家族分支，如何協調他們之間的利益？如何基於能力而非權力以確保企業的繼承人是最好的？如何對激勵下一代並培養他們的紀律觀念，以便以後管理家族企業？

隨著奈及利亞的西化和嬰兒死亡率的下降，年輕的一代越來越傾向於只有一個配偶，生育的孩子也少得多。照此下去，我們預計大家族的負面影響會越來越弱。然而，人們還是渴望生男孩，因為這樣他們的財產就可以傳承下去。

上述例子提醒我們，每個國家的繼承文化天差地別。同樣，尊敬老一輩的觀念也差別很大。

在泰國和印度，子女很少違背父母的意志，但是在美國則不然。在亞洲和非洲，長子繼承制仍然盛行。與歐洲人相比，中國和拉丁美洲的人比較不願意談論個人、家庭和企業問題。這些差異對繼承的成功與否都會造成巨大的影響。

明確與家族和企業有關的具體繼承文化是長遠規劃成功的關鍵。繼承文化的多樣性表明，長遠規劃要因環境而異。如果一個繼承模式對一個擁有四十年歷史的美國家族企業很有效，它很可能不適用於在馬來西亞受儒家文化影響很深的華人家族企業。

傳承家族特殊資產的挑戰

強大的家族特殊資產可以幫助家族企業制定成功的商業策略。家族規劃圖表明，強大的家族特殊資產也預示著成功的家族繼承。所以，如何培養並傳承現有的家族特殊資產是一個關鍵挑戰。家族的下一代會拓展並利用創始人建立的人脈嗎？他們該如何利用家族傳統制定未來的商業策略呢？他們該如何發揚他們父母成功運用的價值觀導向領導呢？

圖6.2表明了向下一代傳承家族特殊資產的實質。無論是企業傳統，強大的商業人脈還是核心價值觀，傳承家族特殊資產歸根到底就是要在兩代人之間尋找共同點。那麼在現實中，我們要怎麼做呢？

圖6.2 傳承家族特殊資產

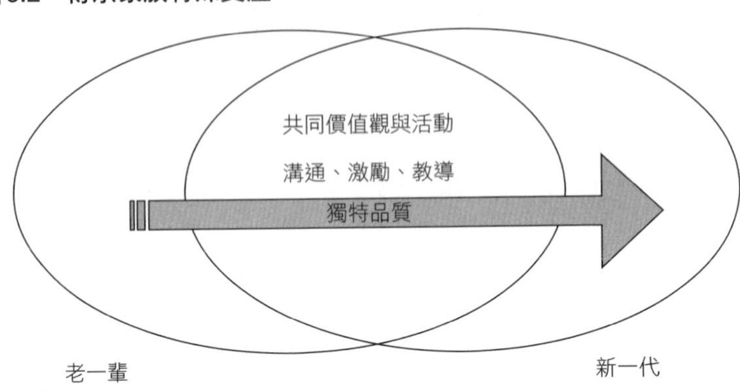

最初，老一輩成員是家族的典範，他們激勵、教導並通過溝通感染著下一代。通過共用價值觀和企業之外的活動，他們可以創造共同點，如參與社會或宗教團體、團結家族的一些具體活動，或是簡單地歡聚一堂。在這種正式或非正式的學徒模式中，傳承的過程最終得以在家族內實現。

法國一位年輕的第六代企業家可以很好地詮釋非正式的學徒模式。他最近剛剛接管世界冰凍草藥界的龍頭企業。他很興奮地跟我們描述他小時候和父親一起去田裡幹活的情景。他回憶道，六歲時，每週六早上他都要選擇和母親去教堂禮拜還是坐上父親的拖拉機去田裡。對於一個六歲的小男孩來說，貪玩的他顯然選擇了後者。和父親一起坐拖拉機的記憶起到了幾重作用。第一，這是兒子終生都會銘記的父子親密接觸體驗。第二，父親在這過程中潛移默化地向他介紹家族企業，也激發了他長大後投身草藥行業的興趣。第三，這也是強大的家族特殊資產傳承的開始。

在正式的學徒模式中，我們發現，許多企業家族都會特意讓子女磨煉自己的意志，如讓他們每週都去企業上一次班，或者強加給他們一些任務，無論是否與企業有關。這麼做的目的是為了培養他們的企業家紀律，並以此傳承重要的家族特殊資產。西方企業家族一個很流行的做法就是讓十至十四歲的子女策劃家庭假期。這對孩子來說不但很有意思，還可以教他們如何做預算、規劃並執行，以此在早期培養他們的創業技能。其他家族成員的回饋也會讓他們瞭解家族價值觀和利益。

家族價值觀的傳承往往在企業之外最有效，因為這對子女的影響是最真實的。一位中國企業家向我們講述了他父親如何堅持每月匿名捐錢做慈善，除了他兒子和妻子之外，誰也不知道他的善行。他父親這種發自內心的做法對兒子有著深遠的影響，並使他成為了他們個人和職業生涯的榜樣。

東南亞家族企業的第二代或第三代繼承人向我們講述了他們父母每週日送他們去孤兒院或當地醫院看望窮人的經歷。他們的父母會經常捐錢給這些機構，而且他們對時間的分配和個人際遇給子女留下的印象極為深刻。

如何培訓下一代成為企業繼承人是最大的挑戰之一，即如何給他們參與企業運營的機會，並培養他們的技能，這樣那些有興趣的子女有朝一日就能接班了。透過和幾個地區的家族和企業家的交談，我們發現達到這些目的的方法多種多樣。有的父母希望子女觀察並模仿他們，有的希望將培訓和正式教育結合起來，還有的喜歡讓子女選擇自己的人生道路。

許多家族都會實行這種學徒模式，只不過方式不一樣。在孩童時期，子女放學後一有時間就去「密室」幫忙，以此耳濡目染地瞭解企業。從餐桌上的無數次交談中，他們也學到了企業的點點滴滴。如果企業很大，他們可能會把整個職業生涯奉獻給家族企業，一步步向企業領導的地位往上爬，直至父母退休，然後他們接班。

除了給下一代一個強大的繼任平臺，學徒模式還可以讓老一輩做好退休的準備。突然有一天，父母不用再打電話，子女就直接可以接觸到他們的商業夥伴。兩代人之間的共同點越多，這就越容易實現。

學徒模式善於協調兩代人的利益，因此在傳承家族特殊資產方面效果顯著。但是，它也有缺點，因為它傾向於把下一代固定在創始人鋪設的軌道上，以至於企業或經濟環境的小小變化就很容易讓他們措手不及。雖然我們介紹了幾種可以有效傳承家族特殊資產的學徒模式，但這種獨立單一的模式也有它的侷限性。所以，子女走出家族企業接受教育並累積一些工作經驗是非常必要的，這在下一部分將提及。

勝任的挑戰

大部分創業型企業家都是特立獨行的人，而且善於打破陳規。研究表明，與其他類型的商業領導相比，他們平均教育程度較低，接受的正式培訓也較少。他們往往都富有創造力，喜歡標新立異，討厭墨守成規。很多企業家雖然已經走到了傳承這一階段，但還是不太瞭解走出家族企業接受正式教育並積累經驗的價值所在。

大多數白手起家的企業家都很自我，他們堅信學徒制模式是準備讓子女接班的正確方式。因此，他們讓子女從小就參與其中，在他們很小的時候就帶他們去企業，讓他們放學後完成一些任務，以磨煉他們的意志，並在他們十幾歲時帶他們去見客戶和供應商。由於他們自己沒接受過精英教育就獲得了成功，所以他們覺得標準化的技能並不重要。

但正如我們之前所看到的，學徒模式可以說明家族應對傳承特殊資產的核心挑戰，並讓子女對企業有一個全面的瞭解，但在這種模式下，下一代通常都缺乏正式的高等教育，我們在全球範圍內的小型、大型，甚至特大型企業都發現了這一現象。

那麼，這種正式培訓的缺失在家族企業中常見嗎？他們的「履歷」和他們接班後企業的表現有關係嗎？

為了回答這個問題，我們就教育和經驗的重要性做了一項研究，研究目標是丹麥中小型家族企業的繼承人。我們調查了一萬一千零二十六宗管理權繼承案例和三千七百三十九宗所有權繼承案例，對繼承人的背景做了深入的瞭解，並將這些樣本分成兩組：家族組和外部組。在家族組，即將退休的管理人或所有人由一名家族成員接班（往往是一個小孩），而在外部組，則由與家族無關的管理人或所有人繼承。

當我們關注兩組樣本的正式教育程度和他們在接班時已經積累的領導經驗，我們的第一個發現就是，家族繼承人比外部繼任者年輕。家族繼承人很早就繼承了對企業的責任，因為他們父母終有一天要退出企業經營。如果繼承人是家族成員，則即將卸任的企業家更可能繼續參與企業運營，四〇％的企業家會留在董事會。而如果繼任者是外部人士，只有二〇％的企業家會繼續留在企業監督他們。

家族繼承人和外部繼任者之間最鮮明的對比在於他們的教育程度和工作經驗。圖6.3突出了兩者之間教育程度和相關工作經驗的差別。第四欄顯示，四〇％的外部繼任者都在大學或商學院接受過相關管理或領導方面的教育，而只有二〇％的家族繼承人有這種背景。平均而言，家族繼承人比外部繼任者少一年的教育經歷。

家族繼承人這種教育程度偏低的現象不僅限於中小型家族企業。在前面我們所提到的對美國大型家族企業的研究中，家族內繼承使企業價值蒸發的一個原因就是，家族繼承人比外部繼任者在精英大學接受ＭＢＡ教育的可能性明顯低很多。

圖6.3　家族繼承人和外部繼任者的勝任力對比注：圖6.3的依據是丹麥中小型家族企業的11026宗CEO繼承案例。

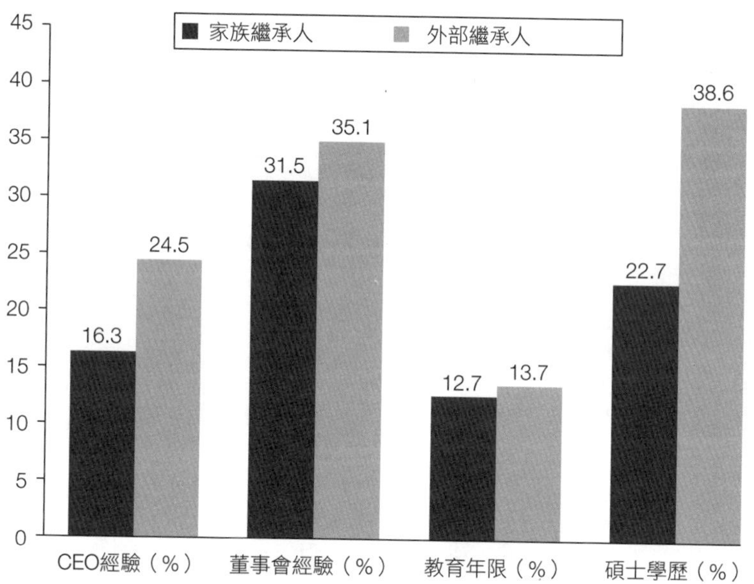

來源：Morten Bennedsen, Kasper M. Nielsen "Family Firms in Denmark," 2014

家族繼承人不但教育程度偏低，而且在接管家族企業之前的高層管理經驗方面也不突出。如上圖的第一欄顯示，大約一六%的家族繼承人有擔任CEO的經驗，而對外部繼任者而言，這個資料為二四%。然而，這裡有必要強調，在那些有CEO經驗的人當中，家族繼承人在之前的工作中平均所花費的時間和外部繼任者花費的時間一樣多（大約四年）。

此外，家族繼承人不僅缺乏管理經驗，而且他們的董事會經驗也不豐富。第二欄顯示，在加入家族企業前，家族繼承人與外部繼任者的董事會經驗差不多，這意味著，家族繼承人進入董事會的時間不會早於外部繼任者。

總的來說，我們的研究結果表明，家族繼承人的勝任力較外部繼任者弱。學徒模式確實可以讓家族繼承人瞭解企業日常運營的細節，並使他們依靠家族的關係積累經驗，但卻不能彌補家族企業之外正式商業教育或工作經驗的缺失。

第二代、第三代或第四代繼承人勝任力不強對家族企業的運營有影響嗎？為了回答這個問題，我們對比了繼承後蓬勃發展的企業和繼承後衰敗不堪的企業中新上任CEO和所有人的履歷。具體而言，我們確定了二十五家繼承後業績最好和二十五家繼承後業績最差的家族企業，並比較兩組繼承人的履歷，把重點放在他們各自的教育和相關企業運營經驗上。

我們首先比較的是成功和失敗的家族繼承中所有人的背景。圖6.4即對比了家族繼承中業績最差和最好企業的新家族所有人的履歷。很明顯，從第一欄我們可以看出，在成功企業中，有管理經驗的新家族繼承人占三六％，而在表現差的企業中，這個比例僅為一二％，前者是後者的三倍。第二欄顯示，在接管家族企業前，前者的繼承人在家族企業或其他相關企業的董事會經驗也更豐富。在第三欄和第四欄我們注意到，在表現最佳的企業中，家族繼承人教育年限明顯比較長（平均長一年），而且更有可能獲得相關的碩士學位。

圖6.5基於CEO的勝任力做了一個類似的對比。該圖的比較結果與圖6.4的分析一致：如果繼承人之前的CEO經驗、董事會經驗匱乏，並且受教育程度較低，那麼企業在經歷繼承後會

圖6.4 25家業績最好和25家業績最差企業的家族所有權繼承人的勝任力對比

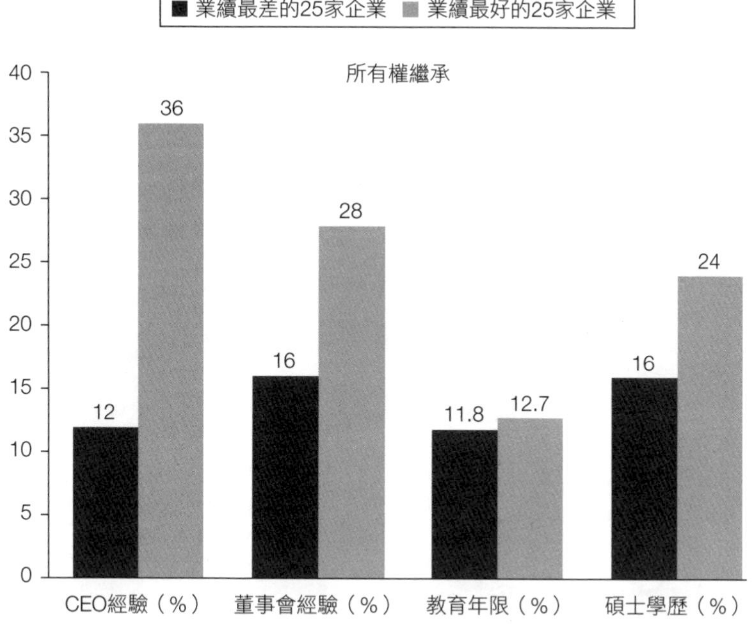

來源：Morten Bennedsen, Kasper M. Nielsen "Family Firms in Denmark," 2014

走向衰敗。

世界上許多發展緩慢的家族企業都有這個特點，那就是領導人教育程度低，而且受過的專業領導培訓不足。雖然企業家越來越意識到走出家族企業接受教育的重要性，我們還是能感受到他們強烈傾向於內部培訓。

在我們看來，培養有能力的繼承人需要在規劃和培訓方面雙管齊下。雖然學徒模式可以讓子女在成長過程中瞭解家族企業的來龍去脈，在兩代人之間創造共同點，並有效使家族特殊資產

圖6.5 25家業績最好和25家業績最差企業的家族CEO繼承人的勝任力對比

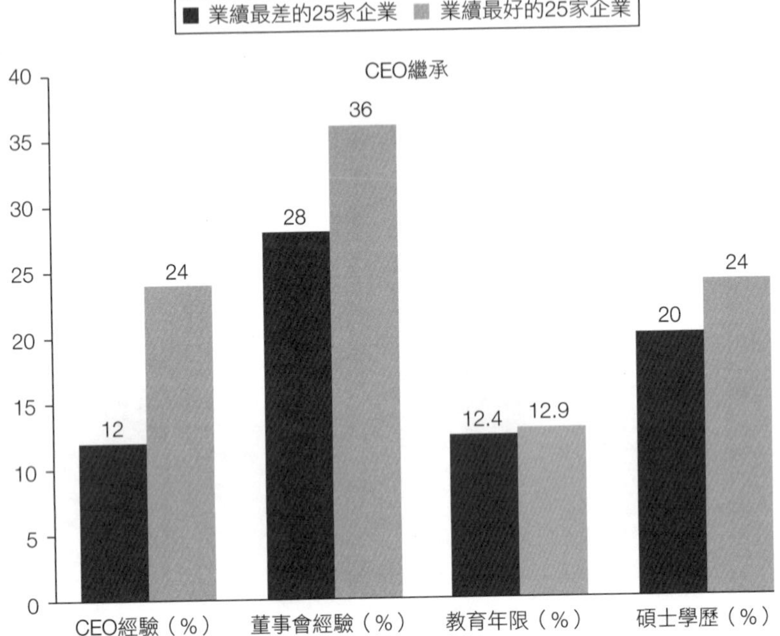

來源：Morten Bennedsen, Kasper M. Nielsen “Family Firms in Denmark,” 2014

得以傳承，但是勝任力的重要性卻不容忽視。給下一代提供最好的教育，並讓他們在其他行業、其他國家和其他文化中的其他企業積累經驗和接受教育是非常重要的。這樣他們在接管企業後才有能力應對必要的改變。

在結束這部分的探討之前，我們有必要做一個提醒：如果子女的教育程度過高，家族繼承有時會更困難。在我們的ＭＢＡ培訓班上，我們看到亞洲、非洲和南美洲越來越多的企業繼承人在國外接受教育後，開始習慣於在歐洲或美國的大都市生活，所以他們很不願意回到家族企業所在的地區。

這裡我們可以講一個事例。有一位父親在中國內地的沿海城鎮創辦了一個成功的海產品企業，而他的獨生子被送到美國和歐洲頂尖MBA學校接受最好的教育。他不敢跟父親說自己不想回家去做海產品，所以他在國外的時候創辦了一家軟體公司，希望這家軟體公司發展壯大後，他父親就會同意他留在軟體行業，而不讓他回去繼承家業。

還有一個事例，講述的是馬來西亞一個成功的輪胎零售企業創始人的故事。出生於一個小鎮的他將六個子女分別送到新加坡、英國和美國接受研究生教育。學成之後，他們就在國外的金融類企業和其他公司任職，而且非常成功。結果，有五個子女不想再回到馬來西亞的那個小鎮。最後當企業面臨傳承時，創始人幾乎沒有選擇。

變革的挑戰

上述發現揭示了許多企業家在準備下一代接班時一個自相矛盾的地方。他們自己雖然富有創造力，敢於冒險，但教育程度卻很低。很多「白手起家」故事裡的主角都是如此，如台塑集團已故的創始人王永慶或最近剛剛退休的宜家老總英格瓦．坎普拉德。出身寒微的他們相信，準備下一代接班最重要的就是將自己畢生所學傳授給子女並讓子女接受最好的教育，但是他們自己都沒時間去接受正規教育。

如果企業在接班後沿著同樣的軌跡發展，這就無可厚非。一個穩定的企業如果繼續走創始人鋪下的路，它是可以維持經營的，尤其是如果該企業有一個很好的定位並善於保護自己不受競爭對手的影響。這樣的企業我們在前幾章也看到過，比如漢諾基協會的會員日本法師溫泉旅館和法國香料名企Thiercelin。然而，與此相矛盾的是，讓繼承人依葫蘆畫瓢成為另一個自己，會使他們很難在企業中實行根本的變革。如果一個成功企業的歷史已有三十多年，那它就不再是一個新創辦的企業。雖然創始人常常是決策的中心而且事必躬親，他們的下一代卻不一定如此。

遺憾的是，我們見過太多中小型家族企業十年、二十年或三十年後就難以為繼。這其中最重要的一個發展障礙就是缺乏變革企業的野心和能力，這兩者對繼承人來說都極具挑戰性。老一輩創始人（成功的）已經為企業找到準確的定位，並取得了驚人的成績。但是如果要讓家族企業上一個新的臺階，企業必然要做出重大變革，如商業策略、生產組織、市場的地理位置、供應鏈或工廠設施方面的變革。

在下面兩種情況下，企業需要變革。第一，員工、供應商和利益相關者提出了更高的要求。例如，當員工的平均年齡增大，他們就會越來越關注養老計畫和工作保障，而不是追求升職。第二，企業可能已經發展到一個新的階段。例如，在歐洲生產和銷售的家族企業可能想在其他地區開闢新市場，以成為一個區域性或全球性的大公司，或因為亞洲的勞動力比較廉價而將生產外包給該地區。

進行這些變革並不容易。首先企業接班人要向其他企業學習，這就是為何僅僅靠學徒模式是遠遠不夠的。下一代只有通過商業教育才能掌握管理技能，之後才能進行變革。只有從其他行業、其他國家和其他文化中的其他企業中積累運營經驗，他們才有動力去投資新市場或將生產轉移至勞動力廉價的地區。

本章一開始我們就提到，企業往往在經歷家族內繼承後就不再繁榮發展。我們的研究顯示，如果企業需要變革，那麼繼承造成的損失會格外的大。處於競爭行業中的企業將面臨更大的傳承挑戰，因為它們需要新的運營模式。而那些需要研發投資來發展產品的企業和那些快速成長的企業也是如此，因為它們必須不斷應對新市場和新客戶的需求。

如果企業負責人不願意放權或讓位，則企業往往要面臨更大的變革挑戰。當我們要求中小型企業的負責人指出他們長遠戰略規劃過程中最大的障礙是什麼，大多數人都說自己每日忙於企業運營而無暇進行提前規劃。他們不僅比多數人工作時間長，而且在企業日常經營中還不可或缺。因為只有他們對運營的細節瞭若指掌，他們要參與每一個決策，無論大小。由於不願意放權，他們必須凡事親力親為，把全部時間都投入到管理中，所以根本沒時間進行規劃。

企業負責人的責任就在於設計組織結構。但是由於他們沒有時間發揮自身的創造力並盤算生產或戰略上的重大變革，企業的發展往往受限。

我們所探討的這些對傳承規劃提出了一個強烈要求：企業負責人必須在準備接班人方面保持平衡。一方面，通過學徒模式傳承家族資產至關重要；但是另一方面，通過最好的教育和其他企業的領導經歷讓下一代培養自己的勝任力也同樣重要。

傳承規劃的挑戰

在進行傳承規劃時需要回答一系列難題：如何選擇一個或多個繼承人？基於什麼原則？沒被選上的家族成員怎麼辦？如何讓繼承人接受正確的教育並培養他們的勝任力？什麼時候該送子女出國讓他們從其他企業中獲得啟發？如何將下一代引入企業？如何規劃家族企業的家族職業生涯最好？

在現實中，只有少數企業會對這些問題做正式回覆。老一輩往往只將傳承規劃留在自己腦中，很少與其他人溝通。同時，年輕一代的問題，以及他們的預期和抱負，也沒人過問。所以，專門從事傳承規劃的諮詢師、有關規劃的書籍，以及可以幫助家族制定正確傳承模式的商學院應運而生，致力於為正在做傳承規劃的家族提供幫助。但是所有的前提都是，他們有辦法讓家族成員進行溝通。

那麼家族該選擇哪種方式呢？

我們的建議是，如果家族成員很容易溝通，並都對傳承規劃很感興趣，那他們可以選擇諮詢師。及早從忙忙碌碌的日常經營中抽出點時間是著手規劃企業傳承的最好方式。第二個建議就是向其他家族企業的成功傳承模式學習，比如經歷過無數次傳承的老牌家族。

漢諾基協會的企業都有一個共同點，那就是悠久的歷史。但是它們的特別之處不僅僅在於長壽，還在於被同一個家族長時間持續擁有，並一直由創始家族的成員管理和控制。它們是如何歷久不衰，如何向每一代成員提供為企業效力的機會呢？我們來看一些相關案例。

荷蘭迪凱堡皇家酒廠

迪凱堡（De Kuyper）家族的企業創辦於一六九五年，當時主要生產用於運送烈性酒和啤酒的酒桶。一七〇二年，迪凱堡家族買下了第一個釀酒廠，並成為荷蘭杜松子酒的主要生產商。酒廠在早期主營出口業務。到十九世紀，迪凱堡的產品已遠銷歐洲、英國和加拿大市場。

一九三四年，美國的禁酒時期結束後，迪凱堡開始與加拿大和美國的酒廠合作。三十多年後，即一九六六年，迪凱堡和金賓釀酒集團（Jim Beam brands）合作生產並將產品銷往美國。在經歷了另一個飛速發展的三十年後，迪凱堡於一九九五年在其三百周年慶典上被荷蘭女王授予「皇家」的稱號。此後，迪凱堡就以荷蘭皇家酒廠著稱。

迪凱堡家族的主要特殊資產是它在釀酒方面的獨特工藝以及對品質和聲譽一如既往的追求。對家族在企業的參與度，迪凱堡有一套嚴格規定。第一個規定就是「一山只容一虎」，所有成員必須服從唯一家族領導的安排。第二個規定就是將家庭生活和家族企業分開，避免在飯桌上談生意（由於年輕一代希望更多的探討和資訊交換，這種情況恐怕要發生改變）。

迪凱堡家族有一個獨立的監事會，這個監事會負責挑選願意為酒廠效力的家族成員。為了確保加入家族企業的成員可以勝任，候選人必須：

- 完成高等教育；
- 在其他企業有五年的工作經驗；
- 對家族企業真正感興趣；
- 完成職業獵頭執行的心理測試和採訪；
- 願意接受家族企業的年度績效考核。

鮑勃·迪凱堡（Bob De Kuyper）是酒廠現任的CEO。在過去，迪凱堡的CEO既有外部聘用的也有家族選拔的，因為他們發現家族和外部經理人之間的配合會使酒廠的效益更好。鮑勃・迪凱堡在實施繼承規則中起了關鍵作用。如今，他兒子馬克（Mark）也參與到企業運營中，為培養他成為企業未來的領導人做準備。馬克已經完成了高等教育，在食品行業的其他企業工作過，也希望在家族企業中繼續自己的職業生涯。他已經通過了外部考核和測試，而且也很支援家族企業的年度績效考核。家族監事會（大部分是非家族成員）最終將決定他是否可以勝任企業領導的職位。

並不是所有企業都有這麼正式的規定，但是迪凱堡這個案例告訴我們：企業必須確保家族成員具有必備的技能和動力，同時外部經理人不會把家族視為他們職業發展的障礙。

義大利的蒙吉諾（Monzino）家族也是一個在傳承規劃方面的成功案例。他們規定，所有成員在加入家族企業前要簽一份協定。蒙吉諾的現任領導人安東尼奧・蒙吉諾（Antonio Monzino）告訴我們，簽署這份協定有兩個目的。第一，它讓所有希望加入家族企業的成員抱有一致的心理預期，即他們可能永遠不會有很高的薪水，也不能從企業拿走任何現金資源。正如他兒子法蘭西斯科（Francisco）所說的，「我已經簽了那份協議，承諾我再也不會開法拉利了」。法蘭西斯科在他快三十歲的時候決定加入家族企業，負責西班牙的一些業務。

蒙吉諾集團

蒙吉諾集團可以追溯到一七五〇年，當時安東尼奧．蒙吉諾在米蘭的Via Dogana開了一個小工作坊，生產樂器。自此，蒙吉諾家族就開始了音樂行業的創業旅程，製造樂器、發表音樂作品，最近還生產音訊設備。

酷愛將音樂與他人分享是蒙吉諾家族的主要特殊資產。家族的使命就是傳遞演奏音樂的樂趣，而且他們堅信，沒有人能抵擋音樂帶來的快樂。這種分享的激情和家族的另一個主要特殊資產緊密聯繫，那就是致力於向社會傳播音樂文化。從樂器的生產到音樂的發行，再到他們將音樂作品納入學校課程，家族企業的所有活動都由這種共同的家族願景支撐著。

這些資產是企業與供應商和經銷商之間穩固關係的基石。除此之外，他們在商業活動中以人為本的理念也使企業變得更值得信賴。鑒於企業的巨大使命和資源限制，管理層對企業採取高瞻遠矚的戰略，這樣才會讓整個企業更有凝聚力和動力。蒙吉諾集團的低調和謙遜給人一種腳踏實地的感覺，這也使他們能一直和顧客保持親近，其中包括藝術家和音樂愛好者。

至一九九九年六月，蒙吉諾集團已經成立了二百五十周年。為了慶祝這一歷史時刻，蒙吉諾家族建立了安東尼奧卡洛蒙吉諾基金會（Antonio Carlo Monzino Foundation），旨在保護和充實家族的藝術傳統，並讓每個人從一出生起就把音樂教育作為文化教育最基本的一部分。

第二，這份協議可以說明挑選哪些家族成員對音樂最有激情並最適合培養成接班人。家族成員必須通過長時間學習一種樂器而對音樂有透徹的瞭解。雖然這看起來似乎很矯揉造作，我們卻覺得這麼做極具創意，而且非常有用。銷售樂器、發行音樂、出版書籍、製作音訊設備，蒙吉諾在競爭激烈的音樂行業已經摸爬滾打了二百五十年。為了生存，蒙吉諾家族必須維護自己的名聲和歷史，並讓他們對音樂的激情成為他們的標籤。通過簽訂協定，他們承諾將這種最重要的家族特殊資產傳承，並在分享和培養這份激情的基礎上參與企業的運營。

在上文法師溫泉旅館的案例中，我們看到了基於傳統日本文化的嚴格繼承制度如何延續了四十六代。蒙吉諾的案例則展示了傳承家族特殊資產的另一種模式。顯然，對傳承的規劃沒有一個固定的模式，因為這兩個家族分別都已制定出一套可以成功應對挑戰的傳承模式。然而，雖然模式不同，那些成功的模式卻有一個共同點，那就是能夠協調家族成員之間的利益，並以此為基礎將最重要的家族特殊資產向後代傳承。

只有少數傳承模式能夠達到皆大歡喜的效果，而且這些模式既清晰又透明。清晰可以減少不確定性。當家族成員試圖在不確定性中勾勒自己的職業藍圖時，透明的過程可以減少因誤解或分歧而造成的衝突。

制度路障的挑戰

如果家族的大部分財產被套在企業中，繼承法和遺產稅將給企業所有人帶來特殊的挑戰。繼承法限制了企業和非企業財產向下一代的轉移。在各個國家和地區，對於所有權和財產分配的規定千差萬別。從唯長子繼承的日本傳統模式到諸子均分的法國模式，我們已經看到各種傳承模式之間的天壤之別。為了簡化我們的研究，我們來看一看可以分配給每個子女的家族遺產份額有多少，這不但取決於法律，還取決於尚存配偶和子女的數量。

美國和義大利對財產繼承的規定大相徑庭。美國沒有限制每個子女可以獲得多少份額的遺產。無論兄弟姐妹的數量如何，其中一個兒子或女兒可能得到全部的遺產。義大利的法律就沒有這麼靈活：創始人的遺孀能得到至少三分之一的遺產，因此繼承人最多只能得到三分之二。如果創始人有一任妻子和三個子女，則沒有一個繼承人可以得到超過四〇％的遺產。

有趣的是，在實行普通法的國家，比如美國和英國，單一繼承人更可能得到全部財產。這兩個國家對遺產的分配幾乎沒有限制，而義大利和法國的民法規定企業所有權要在繼承人中平均分配。法律基本上會照顧那些對經營家族企業沒興趣或沒能力的繼承人。由於非控制性的繼承人可以得到更多創始人的財產，而指定的接班人得到的財產比較少，這會降低激勵機制的效果以及企業投資的能力。

最終，企業雖然有利可圖，卻可能不得不清盤。即便事實並非如此，在限制遺產分配的國家，家族企業在傳承之後的發展可能也會受到限制。相關研究也證實了這一點。在法律規定財產必須諸子均分的國家，對家族企業的投資在繼承前後將會降低。而在所有權可以自由分配的國家，情況正好相反。有鑑於此，一些控制財產分配的國家最近開始放寬限制。例如，在法國和義大利，已有人提議在不造成重大損失的情況下，讓家族的財產轉移更容易。

遺產稅對許多即將退休的家族企業家是個重大路障。在各個國家，遺產稅的稅率有很大差別。一些國家的稅率為零，而在另一些國家，應繳的遺產稅佔據總遺產的一大部分。如果企業家留下遺囑，情況會好一點；但是如果企業家去世時未立遺囑，遺產稅可能超過遺產的五〇%。在過去的二十年間，許多歐洲國家已經對遺產稅制進行了改革。希臘、瑞典和丹麥的遺產稅曾經很高，但是近幾年他們已經停征，或大幅減少遺產稅以便企業傳承。

雖然不可否認遺產稅會帶來挑戰，大部分企業也會想辦法避免遺產稅對企業造成的不良後果。例如，家族可以選擇將財產轉移至一個基金或信託，這個基金或信託可以把部分的收益用於慈善目的。所有權也可以轉移至實行稅收優惠政策的國家，如列支敦士登、開曼群島或其他避稅天堂，或者通過一些控股公司進行結構設計，這樣就可以在企業傳承期間保留所有權，以此避免或推遲繳納遺產稅。

然而，對於旨在降低遺產稅的傳承模式，我們有必要做個提醒。雖然這在大部分情況下可以實現，它有一個基本前提，那就是家族有共同的利益，而且善於溝通並解決問題。如果這些條件都滿足了，那家族就可以雇用稅務顧問和會計公司來降低遺產稅的成本。畢竟，他們就是以此謀生的，而且普遍善於尋求解決方案。然而，如果家族沒有共同目標或不容易溝通（由於長時間的爭吵或利益分歧），那他們就很難實行節稅的所有權和傳承策略。在沒有解決方案的情況下，遺產稅往往會妨礙企業傳承後的發展。

企業在傳承時面臨的稅務挑戰很大嗎？大部分企業都會避免嗎？隨便看一看商業新聞（或和家族企業所有人談話），我們就可以知道這是毋庸置疑的。芝加哥大學布斯商學院的特勞特索拉（Tsoutsoura）教授最近在她關於希臘家族企業的傳承研究中也證實了這一點。希臘對家族內繼承的遺產稅率已從二〇％降低至不到二．四％，但是如果是其他繼承模式，則稅率不變。

希臘遺產稅一降低，實行家族內繼承的企業大幅增加，從四五％上升至七五％。多數希臘的私營家族企業由單一個人或家族所有。遺產稅的降低使家族內繼承的發生率提高了六〇％，這意味著遺產稅在之前是個多麼大的路障。而且，希臘實施遺產稅變革之後，大多數選擇家族內繼承的企業都加大了投資力度並投入更多現金來資助這些投資。

總之，在限制財產轉移和實行高稅率的國家，繼承法和遺產稅帶來的挑戰尤其嚴峻。鑒於全球家族所有權的普及，這將導致嚴重的政策後果。如果法律規定創始人的財產必須在繼承人中平分（表面上為了確保公平），則企業可選擇的傳承模式將很有限，這會影響它們的未來投資以及家族和諧。類似地，遺產稅會阻礙財產在幾代人之間的延續，因為它採用了機會平等的原則：即每個人都應該以大致相同的資源稟賦起步。繼承法和遺產稅還會降低繼承前後的投資，因而妨礙企業的發展並限制投資機會。

擴展閱讀

Bennedsen, Morten, Joseph P.H. Fan, Ming Jian, and Yin-Hua Yeh. Family Firm Succession: the Role of Family Assets and Roadblocks. Forthcoming in Journal of Corporate Finance.

Bennedsen, Morten, Kasper Meisner Nielsen, Francisco Perez-Gonzalez, and Daniel Wolfenzon. Inside the Family Firm: The Role of Families in Succession Decisions and Performance. Quarterly Journal of EconomicsVolume 122(2), 647-691, 2007.

Bennedsen,Morten and Kasper Meisner Nielsen. Report on Family ownership and succession in Denmark. 2014.

Pérez-González, Francisco. Inherited Control and Firm Performance. American Economic Review, 96(5), 1559-1588, 2006.

Tsoutsoura, Margarita. The Effect of Succession Taxes on Family Firm Investment: Evidence from a Natural Experiment. Forthcoming in the Journal of Finance.

本章重點

- 對於三個大洲家族企業的研究顯示，傳承對企業家族而言極具挑戰性，不論其家族規模、家族所在的國家與文化背景皆然。
- 家族規劃圖預測，當家族特殊資產強大，路障已減至最少時，企業傳承最可能成功。
- 企業傳承面臨的五大常見路障包括：

一、在企業和家族所在的文化背景中規劃最佳的傳承模式；

二、傳承無形的家族特殊資產；

三、制定計劃以應對與傳承有關的商業策略、組織結構和治理機制方面的變化；

四、讓下一代具備最佳技能為接班做準備，其中包括從小培養、接受教育和在其他企業積累相關經驗；

五、避免諸如遺產稅和繼承法之類的制度障礙。

- 如果家族成員已經在傳承規劃問題上溝通過，並達成一致意見，這種透明的規劃更可能讓企業在傳承後繁榮發展。

下一章我們將從兩個角度探討退出問題：企業負責人在退出時面臨的挑戰；以及家族規劃圖如何說明整個家族規劃退出路徑。

第七章

退出

企業家要做的最艱難的決定莫過於退出家族企業。因為幾十年來，企業都是他們人生的中心，是他們夢想的體現，也是家族發展的重心。本章我們要探討兩種退出：整個家族的退出和企業家個人的退出。

企業的直接變賣（新的所有人建立新的管理團隊）是退出的最好詮釋。然而，正如我們所看到的，放棄對企業的控制還有其他方式。例如，家族可以保留所有權但退出管理層，或者決定通過首次公開募股將企業上市，而後再放棄控制權。有些退出行為當機立斷，有些則要耗時多年，中途可能還要反悔。以豐田家族為例，在豐田章男於二〇〇九年四月擔任豐田汽車CEO之前，家族已經退出高層管理十四年了。在某些情況下，家族多年前設計的所有權結構已經不再適合企業發展，所以家族被迫退出；或者，隨著時間的推移和企業的發展，他們任憑自己的控制權受他人侵蝕。

我們探討退出的出發點依然是家族規劃圖。根據家族規劃圖的預測，當企業資產的戰略價值下跌而與家族所有權和控制權有關的路障增加時，家族就會開始考慮退出的問題。在規劃退出的過程中，家族必須解決一系列關鍵問題，如退出時機、退出模式和退出後家族該何去何從。

我們從沃爾丁堡木料場的案例開始，探討沃爾丁堡家族為何從這個百年家族企業中退出。雖然木料場最終沒有做大，但是沃爾丁堡家族壯大了。由於家族的壯大與變幻莫測的市場力量，沃爾丁堡家族最後不得不將企業出售。之後我們將討論小肥羊（中國大陸知名的餐飲加盟連鎖店）

圖7.1 家族規劃圖：退出路徑

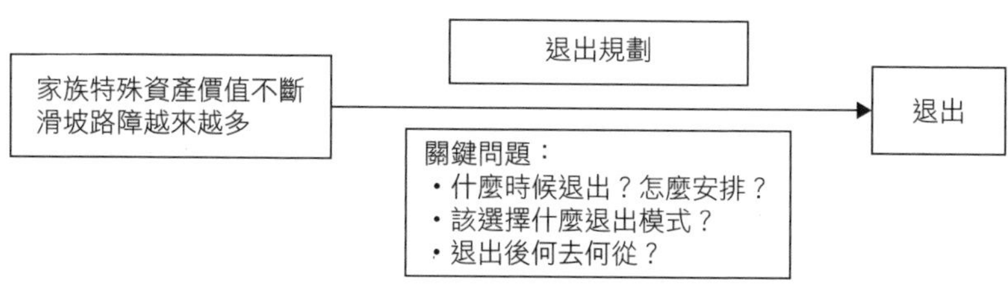

創業合夥人的退出，以說明所有權稀釋是一把雙刃劍。在這個案例裡，小肥羊最初為了企業發展融資並激勵核心人員和加盟商而制定了一個治理機制，但該機制最終卻將創始人和他的長期夥伴趕出了這個連鎖企業。最後，二〇一〇年美國卡夫食品公司（Kraft Foods）對英國老牌巧克力王國吉百利的收購為所有企業家族敲響了一個警鐘：正是吉百利早期的發展戰略和所有權設計不知不覺地將它推入競爭對手的虎口，導致吉百利家族最終被卡夫趕出企業。

接著我們從個人的角度研究退出。向企業家提出他們一直回避的尖銳問題（正當的）同時顧及他們即將退休時的心理絕非易事，因為他們的整個人生曾經都是圍著企業在轉動。對他們而言，沒有工作的生活是難以接受的。許多企業家不知道如何放鬆——是打打高爾夫球還是照顧孫子孫女。當他們還沒決定該選擇哪種退出模式、哪個繼承人，還沒想好如何設計未來的所有權結構時，這些個人方面的挑戰又來添亂，難怪他們一直不願意直面這些問題。

台塑集團的創始人王永慶用了幾十年規劃他的企業財產將如何傳承，但卻沒留下任何關於他個人財產分配的遺囑。英瓦爾・坎普拉德原本想從他三個兒子中選擇一個接班，但最後卻將宜家的日常運營留給外部管理團隊。邵逸夫領導香港上市公司TVB一直到一百零三歲，最後選擇他七十九歲的妻子作為繼承人並將企業全盤出售。

根據一份針對大約二千八百位中小型企業負責人的調查，我們將探究與個人退出規劃有關的問題，以及當企業在他們人生中消失的時候如何填補這個空白。

退出的原因

在插手了幾十年後，將企業出售對家族而言無疑是一個巨大的變化。這並不是一個輕鬆的決定：家族要花大量的時間和精力並思考很多問題才能想清楚把企業變賣後生活該如何繼續。

從家族規劃圖我們可以看出，當家族特殊資產的戰略價值滑坡而與家族所有權相關的路障與日俱增時，退出只是一個順理成章的解決方案，無論路障源於日益激烈的競爭、技術或市場驅動的行業集中化，還是家族日益壯大導致的成員分歧日益嚴重。

上述的這三種路障在我們第三章提到的沃爾丁堡木料廠案例中顯而易見。擁有並管理了木料廠近一百年後，布羅森家族於二〇〇七年將企業出售。他們的退出表明了，家族和市場路障會讓家族無路可走，最終只能選擇退出。

在日益壯大的布羅森家族中，所有權的稀釋帶來了一系列越來越難以克服的路障。在家族第二代，由於兄弟鬩牆，布羅森二兒子（卡伊）於二十世紀三〇年代被逐出管理層。而在家族第三第四代，卡伊的後代向企業的運營方式發起挑戰。手握管理權的繼承人一直不願意分紅，堅持將所得利潤用於再投資，因此那些對企業運營參與度低的成員表示強烈的不滿。在第三代，每一位成員都知道創始人菲力浦．布羅森，或至少在童年時期有他的記憶。這時候，成員之間的衝突還可以控制，出於對祖父的尊敬，關於企業政策或戰略決策的分歧還不至於失控。老布羅森辭世後，在卡伊的後代成員之間，衝突開始升級。他們要求更多分紅，還要求將股票兌現，最終堅持將企業出售。因此，第三代家族領導蒂姆．布羅森於二〇〇一年決定修剪枝葉，回購了這個持異議的家族分支的股票。

除了越來越多的家族路障外，市場也在發生變化。當時的一些木料連鎖企業正在國內（有時在鄰國）收購木料廠，行業的所有權開始集中，然而此時，沃爾丁堡木料廠並沒有資金進行投資或發展。在二〇〇五年的家族股東大會上，不參與管理的成員明顯已經達成一致，強烈要求出售大部分股份。加上經濟大環境和市場的變化，家族的災難一觸即發。最終，木料廠賣了個好價錢，於二〇〇八年出售給了一個木料連鎖企業。在運營了近一個世紀後，布羅森家族的事業宣告終結。

布羅森家族的案例在很多方面都與全球中小型家族企業的情況類似。首先，企業規模沒有大到足以影響不參與管理的家族成員的生活方式。一旦局勢對他們有利，路障就（家族利益分歧）開始升級，以至於退出才是唯一可行的解決方案。第二，當企業沒有資金或發展潛力時，市場的集中化也會迫使家族退出。當其他木料廠都成為更大型連鎖集團的專賣店，維持一個只有兩個工廠的木料廠並不划算。因此，布羅森家族的故事提醒我們，小型家族企業不一定能決定自己的未來：內外部壓力會逼得它們走投無路，以至於退出才是唯一合理地選擇。

由此可以引出另一個觀點。那就是：在快速發展的行業，家族應該隨時做好出售企業的準備，至少應該商討一下退出事宜。當一個有意的買家出現，許多家族不願意討論出售的可能性，所以買家只能收購他們當地的競爭對手。如果沒有其他買家出現，而且行業競爭越來越激烈，則家族的境況可能會更糟。所以我們力勸企業家族隨時做好退出準備，即便他們希望把企業傳承給下一代。

出售小型家族企業的一個最大的路障就是給企業估值。根據我們的經驗，估值問題是許多談判失敗的主要原因。當一個有意的買家出現時，許多家族都還不確定企業的價值到底多少。企業家可能根據直覺給出一個價格，而這個價格很大程度上根據無形資產而定。對於外部人員來說，這比較抽象。而且，他們不願意為不可轉移的家族特殊資產買單。

小肥羊：牧羊人的退出

小肥羊的創始人張鋼出生於內蒙古包頭，他靠白手起家開創了中式餐飲界的一個神話。張鋼最初為包頭鋼鐵廠的一名工人，幹了一段時間後他就辭職開始做起了服裝生意。二十世紀九〇年代初期，張鋼進入手機行業，並最終成為內蒙古手機設備的獨家經銷商。他於一九九九年八月八日與陳洪凱攜手創辦了小肥羊，其中陳洪凱投入了四〇％的股份。至此，這個以羊肉製品為主的內蒙古火鍋店一舉成功。很快，小肥羊變成了一個連鎖集團，並在各地擁有數百家連鎖店。

張鋼主張分享股權以吸引並激勵核心人員。他曾說過：「我的天性就是做任何事情都必須做老大，絕對不做老二。我的管理理念是以人為本。我的很多搭檔和我都是多年的老朋友，我們彼此之間很信任。……我想讓小肥羊做中國的『百勝』（Yum! Brands Inc），讓小肥羊也能延續一個世紀。」張鋼願意與他的長期員工和加盟商分享股權，因而員工被他的領導方式深深折服。小肥羊前任首席財務官王岱宗曾說過，「我們的董事長深諳財散人聚之道，捨得以股權招攬人才。」僅僅五年後，小肥羊的股東人數就達到五十人左右，但是它的股權結構仍保障了張鋼對公司的絕對控制權。

二〇〇六年六月，小肥羊引入3i和Prax Capital兩家私募基金。二〇〇八年六月，它成功在香港證券交易所上市，並募集了四．六億港幣的資金，成為第一家在香港上市的大陸餐飲企業。二〇〇九年三月二十五日，3i和Prax Capital將其股權賣給了百勝。二〇一二年二月二日，小肥羊被私有化並出售給美國速食巨頭百勝，結束了其短短三年零七個月的資本市場之旅。

小肥羊是個很有意思的案例，因為它的創新股權結構曾經達到一箭雙雕的效果，但也是這個股權結構最終導致了創始人及其長期搭檔（其中包括他的合夥人）的退出。在攜手與核心搭檔為了小肥羊的長期發展而盡心竭力時，張鋼面臨兩大路障：如何在保障控制權的前提下為快速發展的加盟連鎖業務融資，以及如何激勵關鍵投資者、加盟商和核心員工並與他們建立長期關係。

通過和忠誠員工、加盟商和投資者分享股權，他解決了激勵的問題。（圖7.2展示了小肥羊股權隨著時間的演變過程）自小肥羊創辦之始到二〇〇一年，他和合夥人陳洪凱是企業的獨資所有人。後來張鋼邀請加盟商和核心成員一起持股。四年之後，小肥羊的股東人數達到五十人左右，而且他還引入了兩家私募基金為企業發展融資。為了維持對小肥羊的控制，張鋼運用了金字塔股權結構。他將長期核心投資者納入企業的控股公司Possible Way，並將餘下小股東納入非控股公司Billion Year。通過控制被動投資者（李旭東，小肥羊的主要加盟商）的投票權，他成功控制了整個控股公司。然而，二〇〇八年小肥羊上市後，張鋼的股份被稀釋到僅剩一二．九三％。

圖7.2　小肥羊股權結構的演變

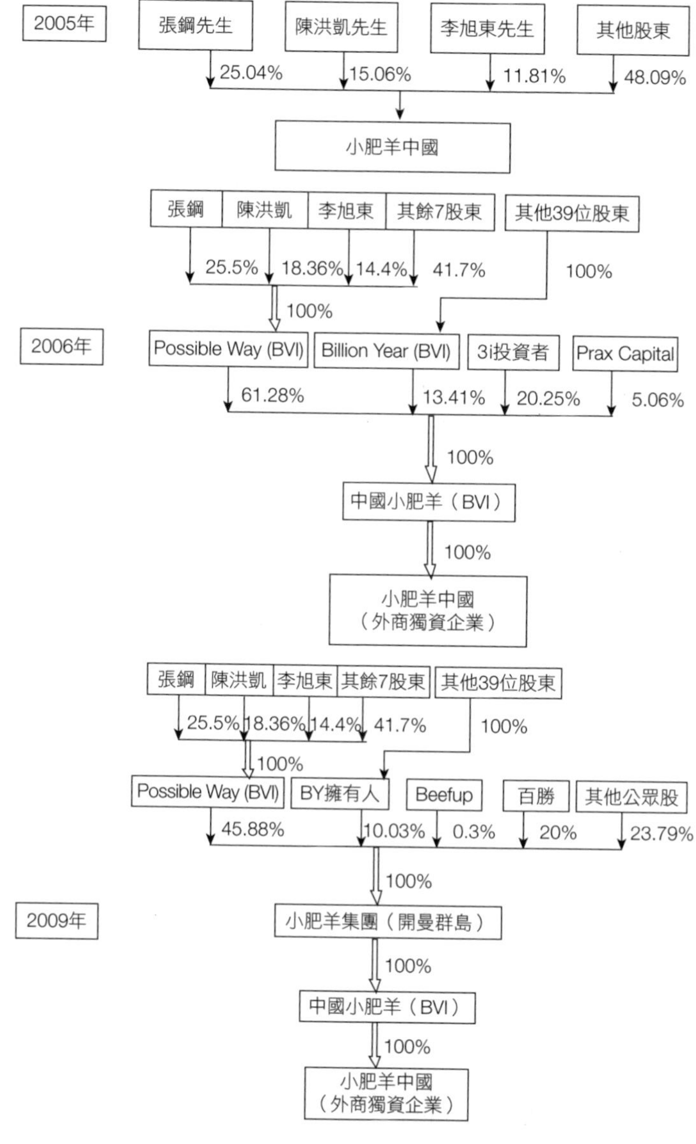

張鋼設計的創新型股權結構成功移除了融資、員工激勵和忠誠這三方面的路障。然而，隨著小肥羊的發展，不同的管理理念開始出現：3i和Prax Capital兩家私募基金要求將小肥羊的管理專業化，而老的管理團隊希望保持原樣。漸漸地，外部人士開始在高層擔任要職，試圖將企業管理專業化並重組企業結構。雙方的局面越來越緊張。隨後，3i和Prax Capital兩家私募基金退出並將股權賣給百勝。百勝反過來要求將小肥羊私有化，以此買下所有股東的股票，從而控制小肥羊。

小肥羊的管理權和所有權模式有效地說明企業實現了擴張，但是這種模式最終變得太大，大到創始人不能掌控，也不能對企業運營發表任何意見。所有權的稀釋使整體戰略的實施變得更加困難。最後，只有通過退出並將企業出售給百勝，小肥羊的所有權和管理權才得以重新集中。

小肥羊的例子顯示所有權稀釋是一把雙刃劍。一方面，它是建立激勵機制、培養忠誠度、犒勞核心加盟商和員工並促進企業發展的關鍵。另一方面，所有權稀釋也會引發戰略管理方面的意見衝突。隨著小肥羊的快速擴張，它的品牌價值嚴重蒸發。小肥羊各分公司之間幾乎沒有任何協調、各加盟店也無人管理。為了將所有權和控制權集中以提高組織效率，唯一的辦法就是將小肥羊賣給百勝，而「牧羊人」退出。

沃爾丁堡木料廠的例子表明，即便家族成功實現了對企業一百年的控制，家族和市場路障也會迫使家族退出。而小肥羊的爆炸式發展卻帶來了大量的組織挑戰，所以創始團隊不得不在創業十五年後退出。企業發展和所有權結構設計的長期結果也是我們下一個退出案例的關鍵因素。在這個案例中，家族不是自願退出，而是被盛氣凌人的競爭對手逼迫無奈，由此結束了長達一百七十多年的貴格會資本主義管理。

貴格會資本主義的終結——卡夫收購吉百利

二〇〇七年，六十四歲的美國億萬富翁尼爾森．佩爾茲（Nelson Peltz）認購了吉百利史威士股份有限公司（Cadbury Schweppes）三％的股份。他堅持認為，這家合併的企業市值可達一百二十億英鎊，只是它還沒實現自己的真正價值。他在二〇〇七年十二月十八日寫的一封公開信中說，吉百利史威士的現任管理層在股東中的公信力太低，他們已成眾矢之的。

二〇〇八年春，吉百利和史威士解散，這給兩個公司造成高達十億英鎊的損失。佩爾茲很欣慰，因為這次他又猜對了。大多數金融分析師認為，這次解散會提升股東的價值。由於吉百利現在規模變小，家族和他們貴格會的信託不再持有控股股權，所以吉百利的市值大約在八十億至九十億英鎊之間。

二〇〇九年八月底，吉百利的董事長羅傑．卡爾（Roger Carr）收到一條語音留言，留言稱：「我是愛琳．羅森菲爾德（Irene Rosenfeld）。下周我在英國，我不介意過去和你一邊喝咖啡一邊談談。」羅森菲爾德是美國最大食品巨頭卡夫的董事長。卡夫正在籌畫對吉百利進行惡意收購，並提出要以一百零二億英鎊的股票和現金買下吉百利。

卡爾的回復是：「首先，我必須和董事會商量一下。其次，吉百利的效益很好，它自己就能獨立運營，所以不需要卡夫。」吉百利董事會拒絕了卡夫的出價，但羅森菲爾德將報價公之於眾，企圖強行將吉百利吞併。吉百利家族、員工和英國公眾都震驚不已，但是吉百利的股東已經意識到，這是上市企業股權稀釋的長期必然結果。

卡夫對吉百利的公然覬覦促使對沖基金和短期投資者爭先購買吉百利的股票，他們指望著吉百利被收購後股票價格會有所上升。二〇〇九年八月，對沖基金還持有吉百利不到五%的股票，而在二〇一〇年一月它們的股權竟高達三〇%左右。有傳聞說，如果卡夫的每股出價比這些短期投資者幾星期前買的高二十便士，大多數機構和金融投資者就會把它們的股票拋售。

吉百利被逼得走投無路，只能求助救星，請求其他買家競標或同意與之合併。這些買家都跟卡夫一樣，早已對吉百利垂涎三尺，其中包括瑪氏—箭牌（Mars-Wrigley）、雀巢（Nestlé）和好時（Hershey）。隨即，卡夫將美國的比薩業務以三十七億美元的現金出售給雀巢，這才打消了雀巢對吉百利的念頭。

二〇一一年一月的第一個星期，卡爾再次遭遇羅森菲爾德，這次羅森菲爾德的出價是每股八．五英鎊。此時卡爾已經知道，吉百利被收購已成定局。（來源：黛博拉．吉百利（Deborah Cadbury）所著的《巧克力之戰》，以及黛博拉・吉百利和莫頓・班納德森（Morten Bennedsen）的歐洲工商管理學院（INSEAD）案例「巧克力工廠」，該案例分為兩部分。）

卡夫的收購提案實際上將為吉百利帶來大約七十億英鎊的債務，並且提案預設收購將為吉百利每年節省超過四億英鎊。這次收購不僅震驚了吉百利家族，也引起了英國社會對價值觀導向領導和短期股東利益之間如何抉擇的激烈辯論，以及在全球化愈演愈烈的今天，如何將英國企業的所有權掌握在英國人手中。

吉百利的退出凸顯了如何維持大型上市家族企業控制權的挑戰。事實上，這可以從吉百利和芳潤的合併說起，這起合併最終使股權在兩個家族之間分配。由於接下來的一系列事件，吉百利重新設計了股權結構，這最終卻成了它被惡意收購的一個軟肋。

正如我們在第五章所看到的，吉百利上市的目的至少是為了克服三個路障：名富實窮的芳潤家族、越來越多的吉百利成員不參與企業運營，以及貴格會創始人為了社會目的而設立的慈善信託。

有趣的是，四十年後，正是吉百利的上市導致它被迫退出。其原因有兩個。第一，吉百利的上市比較草率，因為吉百利家族沒有建立任何保護機制以防剩餘的股份被轉讓。原則上，任何一個成員都可以在公開市場出售其股票。此外，家族成員的股票和非家族的一樣，沒有任何控制權上的優勢。這在家族企業中很常見，但卻很危險。由於持有大部分股份而且慈善信託的股份也確保了外部人士不可能得到控股權益，所以吉百利家族覺得他們已經受到了很好的保護。相反，當雀巢在瑞士上市，機制設計為只有瑞士投資者的股票有表決權，如此可以保護雀巢不被收購，因此造就了它今日食品行業巨頭的地位。

第二個原因是，雖然發行新股票，吉百利卻僅為其宏偉的發展計畫部分融資。如此一來，家族和信託持有的股票就相應減少。因此大部分股票由分散的股東和機構投資者持有。吉百利只有在和史威士合併的那幾十年相對安全，因為合併後的企業太大，外部人士都買不起。

當初那些將吉百利上市的人肯定沒有預見到投資者（對沖基金和其他短期投資者）最後會對管理層施加壓力，以求股東利益最大化。在將吉百利史威士解散的過程中，美國億萬富翁佩爾茲起到了關鍵作用。很明顯，當這兩個企業最終分道揚鑣時，吉百利的所有權結構已經使它變得不堪一擊。因此我們可以從吉百利的案例中看到維護家族的控制權（和價值）對上市家族企業而言有多不易。吉百利一成為收購的目標，對沖基金就馬上買下它三〇%的股權，期望卡夫的最終出價可以讓它們賺取二〇%的利潤。當對沖基金手中三〇%的股份可以隨時轉讓時，顯然卡夫的勝利已然在望了。

有一點很明顯，那就是所有權結構設計對家族在企業中的長期生存至關重要，而且所有權和治理決策在多年後還會影響家族的控制權。在這方面，吉百利並不是個案。許多家族都不清楚上市的長期後果，以及上市將如何威脅家族的未來控制權。正如我們在前面所看到的，愛馬仕在上市後家族的控制權遭遇挑戰。如果法國政府不允許他們把股份轉移至信託，同時不對小股東做出補償的話，他們可能已經退出企業了。

根據我們的經驗，家族的發展和不參與成員人數的增加是家族退出的最常見原因。當家族壯大時，成員開始對企業失去興趣並退出企業經營，即便他們還遺傳了老一輩的企業家才能。當他們各奔東西（有時在全球範圍內）時，要給他們灌輸共同的價值觀就更加難乎其難。

家族文化的變化也是退出的一個原因。在西方國家，家庭正變得越來越民主，老一輩越來越尊重下一代的自由意志。子女對父母說「不」的頻率比過去高了許多。我們也遇到許多第二代、第三代企業家，他們拒絕把家族企業強加於自己的子女，這與他們的父母不一樣。他們之中許多人年輕時都有夢想，想出去見見世面或做自己想做的事。然而由於父母的期望，他們不得不犧牲自己，將人生奉獻給家族企業。他們知道，家族企業象徵的不僅僅是機遇，也是義務，所以他們不想把這些強加在子女身上。雖然他們想讓子女逐漸參與企業，但也還是希望子女可以選擇自己的人生。這種趨勢在世界上其他國家還不明顯，但是我們相信將來它會蔓延至亞洲、非洲和拉丁美洲國家。

在上一章我們看到，是否選擇家族內繼承的模式受社會經濟趨勢的影響。歐洲與美國的出生率在過去四十年間大幅下降，而離婚率逐年上升，傳統的家庭結構正面臨挑戰。隨著家庭子女人數的減少，我們預計家族退出企業的概率會越來越高。

文化因素也會影響退出決策。隨著人口流動和資訊交換的增多，留在小城鎮繼承家族企業的想法已經沒有吸引力了。富二代們更希望過奢侈的生活、開跑車、品名酒，而不是待在同一個地方經營家族企業，這種現象在中國大陸更為普遍。

除了這些家族路障之外，由於新技術的發展，有的家族特殊資產也會變得多餘。雖然在過去的幾個世紀裡家族的獨特技能都是父傳子，但新材料和新機器可能會逆轉這樣的傳統。還記得愛馬仕在二十世紀七〇年代遭遇的危機嗎？雖然一百五十年來家族都為其精湛的工藝而自豪，但是當塑膠和尼龍突然成為服裝行業新寵時，愛馬仕只能望洋興嘆，最後羅伯特·杜馬斯·愛馬仕也只能停止生產。這一危機對愛馬仕造成了重創，使其盈利能力嚴重受挫。幸好人們恢復了對原創產品的追求，愛馬仕的名譽也沒受損。愛馬仕對自己的價值觀和產品品質的堅持是正確的，但是許多其他家族卻沒那麼幸運，遇到類似的情況只能退出企業。

市場結構的變化可以影響整個行業。奢侈品行業就是個有力的例證。起初，熟練工匠是市場的主導，他們中許多人都紮根於中歐，為精英階層服務。一百年前，當市場拓展到美國，滿足大西洋彼岸顧客的需求對這些老牌家族企業來說又是一個挑戰。當亞洲經濟騰飛而中東釋放了巨大的市場潛能時，情況更是如此。未來十年，對奢侈品行業來說，中國大陸預計將成為發展最快的市場。

這麼大的變化對許多以手工藝為特色的小型家族企業（有些企業的歷史已超過一百年）無疑是個巨大的路障，所以兼併與收購這種組織方式應運而生。這種方式出現後迅速席捲全球，因為它可以實現地理和產品多樣化的規模效應。LVMH和PPR就是這種企業集團的兩大代表。

類似地，一百年前美國有超過一千家家族報業公司。隨著新技術的出現和新聞的全球化，許多家族被迫變賣自家報紙。所以，今天美國的傳媒市場僅剩少數報紙。

制度路障是導致家族退出的主要因素。將來，中國的獨生子女政策可能會使大批家族退出私營企業。香港銀行業的自由化也使家族銀行的數量在三十年內從一百五十家縮水到五家。南非的黑人經濟振興法案也使大量白人家族退出企業。

家族的不思進取也可以是退出的一個原因。有的家族僅僅滿足於在當地市場生意興隆，可以養家糊口、給員工穩定的工作以及在當地有知名度。他們決定變賣企業的原因可能僅僅是不想繼續發展了，因為繼續發展意味著投資新市場，將生產搬到收入低的國家，並減弱家族對企業日常經營的控制權。

總之，許多因素都可以導致家族退出，無論是先前的治理決策、家族或文化的發展，抑或市場／行業的演變。

退出模式

家族企業的一個常見退出模式就是將企業出售給現任管理人員（如果他們有意在家族離開後繼續運營企業的話），這就是所謂的內部管理層收購（MBO, management buyout）。這是最簡單的退出方式，僅僅需要會計、律師或企業金融專家的幫助即可。企業高層有意繼續經營企業，並夢想著當山頭的大王，這往往是企業高層和所有人早就開始謀劃的結果。這種方式有許多好處：新的所有人對企業瞭若指掌，他們和員工、客戶以及供應商的關係很好，銀行也對他們知根知底。如果家族特殊資產是企業運營戰略中的重要因素，內部管理層收購還有一個特殊的優勢。因為家族特殊資產很難轉移給外人，所以家族將企業出售給別人必然會造成一些損失，但如果高層繼續經營企業的話，這種損失就會降低。由於他們曾經和家族密切合作，因而可以利用相同的商業和政界人脈，並清楚傳統或價值觀對運營模式的重要性。因此，選擇這種退出模式的主要原因是新的企業負責人深諳家族的一切，並可以減弱運營方面的影響。

如何達成這次交易是內部管理層收購面臨的主要挑戰是「企業管理人如何籌措資金購買企業？」由於領薪員工往往無法積累很多財富去買斷家族的股權，所以他們需要銀行和股權投資者的支持。作為這次交易的一部分，管理人要給企業定一個合理的價格。我們的經驗顯示這還不是主要的絆腳石，因為買家和賣家對企業往往有一個共識，所以通常最後結果都能讓雙方滿意。不過他們也可以讓可信的協力廠商進行外部估價。

與內部管理層收購對應的一個概念是外部管理層收購（MBI, management buy-in），即家族把企業出售給一個或多個外部投資者（這些投資者正好在尋找一家可以控制管理的企業）。雖然一開始這不會給企業帶來很大的變化，因為企業的持續經營和員工是重點，然而內部管理層收購和外部管理層收購之間還是有很大的差異。首先，由於新的負責人在收購前往往和企業沒什麼聯繫，所以家族特殊資產的轉移更加困難。因此，他們的運營策略就是儘量擺脫以前的策略，這樣隨著時間的推移，情況可能就會好一點。企業新負責人可能對現有的員工和企業所處的環境沒什麼感情，所以還可能會調整員工結構或改變運營的地理位置。

第二，在外部管理層收購中，給企業估價更具挑戰性。許多家族所有人都對企業價值抱有不切實際的期望，所以給一個私營家族企業估價絕非易事，因為很多價值都基於無形的家族特殊資產和企業聲譽。如果家族不想正式估價，他們就會把個人觀點（通常無事實證明）摻和進來，往往沒有意識到如果他們不在的話家族特殊資產的價值會大打折扣。

第三種退出模式就是將企業出售給一個戰略買家，即一個企業或企業負責人將目標家族企業視為戰略資產，欲將其增加到他們的現有資產，以實現擴張的目的。買家可能是家族企業在當地的競爭對手，對家族和企業都一清二楚；也可能是強大的全國性競爭對手，想通過收購許多企業鞏固其在行業的地位；也可能是國外買家，想在家族企業所在國確立市場地位。在這些情況下，企業交易的談判大不相同。

如果買家僅僅是當地競爭者，則需要雙方的心理素質良好。尤其是如果買家和賣家已競爭多年，他們就會有一種輸贏的觀念。這時，談判可能很難進行，而且會出現一些奇怪的問題，像生產安全方面以及如何操作企業的那些設施等等。但是在這種情況下，企業估價反而很簡單，因為買賣雙方都對企業的潛力心裡有數。

將企業出售給以收購謀發展的外部企業也非易事。首先，家族要在買家出現時做好出售企業的準備。多數家族覺得他們可以選擇退出的時機。雖然這在原則上可以實現，但當他們想退出的時候，可能買家還沒準備好，而且對企業的報價也千變萬化。合適的買家可能只有一個，或者得等上好幾年。如果家族還沒做好準備，則（國內或外國）買家可能會轉而收購其在當地的競爭對手。犯這種錯誤要付出很高的代價，尤其是如果企業和競爭對手之間的競爭升級，而且再沒有其他買家出現時。若是如此，當家族最終做好退出的準備，企業的價格可能要大打折扣。如果戰略買家不是當地的競爭對手，則估價是最大的路障，因為家族可能會像上文所說的，對家族的無形資產期望過高，或先前沒有對企業進行正式的評估。

第四種退出模式是將企業出售給私募基金或類似的金融投資者。很多企業家都對這種模式很感興趣，可能是因為他們覺得在這種模式下企業可以賣個好價錢，也可能是因為他們可以不用出售給競爭對手，或者可以在企業出售後繼續在董事會或高層任職。下面就是幾個將企業出售給私人股權投資公司的成功案例。

當二十世紀六七十年代北歐國家的工資上漲時，越來越多的人開始購買第二套房作為每年度假（幾星期）的去處。少數有遠見的企業家從中看見了商機，即在房屋所有人不使用的情況下將他們的房屋出租。在經歷了二十年的穩定發展後，他們成功致富，而且假期房屋出租成為一個成熟的行業。但是斯堪地那維亞的假期房屋出租市場需要整合。許多企業躍躍欲試，而且有很大的協同空間，如合併資訊技術平臺、實現規模經濟和建立品牌認識度。如果許多企業聯合起來，則可以成為歐洲假期房屋出售行業的領頭羊。

然而，在這個過程中，有一個很大的路障：那些固執己見的企業家遲遲不能就整合模式達成一致，尤其是誰應該收購哪家企業。二〇〇一年至二〇〇二年期間，私募基金Polaris買下了其中最大的兩家企業並通過一系列的收購成為歐洲該行業的佼佼者。最後，Polaris退出，將旗下的公司以合理的價格賣給了歐洲另一個龍頭企業。Polaris以一種獨特的方式實現了快速整合，而原先的那些創始人都辦不到。

我們的第二個退出案例是丹麥康潘進口兒童遊樂設備有限公司（Kompan），它是全球遊樂設施行業的領軍企業。二十世紀七〇年代初，藝術家湯姆·林德哈特（Tom Lindhardt）發現兒童喜歡爬上他那些五彩繽紛的雕塑玩耍，所以他開始用鮮豔的色彩製作遊樂設備。他的產品迅速走紅，而且十六年後，他的企業上市。他的願景很簡單：改變兒童玩耍的方式並一直在他成長的地方進行生產和發展。實現他的願景之後，他就再沒有興趣將企業規模壯大。

在兩輪資金儲備之後，私募基金開始對Kompan進行投資，最後為了將它打造成全球的領先企業而將其私有化。它們收購了北歐國家、歐洲和澳大利亞的競爭對手，將生產設備轉移至捷克共和國，並最終將原廠出售。總之，私募基金可以比創始家族還有野心，並想方設法讓企業更上一層樓。事實上，它們隨時準備高價收購有潛力的企業。

將企業出售給私募基金對許多企業家很有吸引力，但是只有少數企業能有幸被它們收購。私募基金收購的企業規模是特定的，行業是特定的，而且發展的潛力要很明顯。由於他們急於在短時間內撤出投資，所以他們很快就會尋找新的可發展目標企業。順其自然發展的傳統老牌家族企業不適合這種退出方式。將企業出售給私募基金僅對少數企業適用。大多數還是選擇其他方式退出。

第五種模式是逐漸退出（如家族企業圖的左上象限所示）。逐漸退出的第一步往往是將企業職業化，即雇用更多職業經理人並使組織結構更透明。下一步就是稀釋自己的股權，隨著時間的推移慢慢變成一個小股東，從此不再插手管理。

我們已經看到小肥羊的創始人張鋼是如何逐漸退出的。他把股權稀釋作為治理機制，並成功把他的餐飲連鎖店做大。雖然這麼做減少了自己的股份，但是通過這種巧妙的股權設計，他確保了對公司的多年控制。緊接著他引進職業經理人來應對小肥羊的快速擴張和組織方面的複雜問題。二〇〇四年，他聘請盧文兵改變小肥羊的加盟連鎖模式。盧文兵也引進了其他外部經理人。他首先通過私募股權基金，然後再通過首次公開募股成功擴大了小肥羊的股權基礎。這在期間，張鋼逐漸對小肥羊的管理放權。在將小肥羊私有化並出售給百勝之後，他最終成為小肥羊的小股東，幾乎不再參與管理。

部分退出也可以通過上市實現。上市是將企業職業化的自然之道，也可以降低家族對企業的依賴程度。正如我們在第五章提到的，上市可以有效為家族企業的發展融資並給家族成員提供現金。

退出規劃

我們的第一個故事將說明強硬頑固的企業家的退休是如何困難，有時甚至會拖垮整個企業和家族。

赫伯特・哈夫特（Herbert H. Haft）於一九二〇年生於美國。他父親是一名俄羅斯裔藥劑師。通過自己的努力，赫伯特成為一名成功的商人，在許多領域創辦了一系列的折扣連鎖店，如藥店、書店和汽車配件店，建立起了零售王國——達特集團。哈夫特家族的第一家折扣店創辦於一九五五年，並於一九八四年出售，當時已有七十五家店鋪。此後，他開始投資其他業務，如酒精、圖書、汽車配件等。此外赫伯特還熱衷於資本運作，曾對另外兩大零售商Safeway和Stop&Shop發起了「綠票訛詐」（指投機者購買某公司大量股票，企圖加價出售給有意收購方，或以更高價賣回給公司），企圖對它們進行部分控制。最終，他在Safeway和Stop&Shop的股權被買斷，這一舉為他淨賺了二．五億美元。

赫伯特的妻子是格洛利亞（Gloria）。他們的長子羅伯特（Robert）是繼承人的人選，並展現出超凡的商業天賦。而他弟弟羅奈爾得（Ronald）和妹妹琳達（Linda）則對家族企業絲毫不感興趣。一九七七年，羅伯特為哈佛商學院編寫了一個商業案例，並和他父親聯手，利用這個案例創辦了王冠書店（Crown Books），這個書店後來成為美國第三大圖書連鎖店。

一九九三年，未徵求七十二歲老父親的意見，四十歲的羅伯特就在接受《華爾街日報》的採訪時說道，公司的領導層結構變革即將開始。由於赫伯特沒有退休的想法，這條新聞令其大為震驚。因此，在採訪文章發表的第二天，羅伯特就被解雇了。

這一事件成了家族內鬥的導火索，哈夫特家族之戰此後也頻頻登上美國報紙的頭條。同時，支持羅伯特的格洛利亞還被逐出董事會，理由是對企業不忠。格洛利亞立刻反擊，以丈夫不忠、家庭暴力和非法解雇為由提出了離婚申請。此刻家族戰爭正式打響。為了還擊妻子和長子，赫伯特拉攏他之前並不喜歡的二兒子羅奈爾得，並聘請他為公司的新CEO。

赫伯特為了沖淡妻子和長子的股權，並簡化和妻子的離婚程序，使羅奈爾得得到了一筆可觀的股份。然而僅僅一年，羅奈爾得就因為房地產業務的不同意見而被解雇。起初，女兒琳達支持父親，但是最後也站在了他大哥和母親那邊。因此，赫伯特開始和其他家庭成員打起了官司。

由於家族的激烈紛爭，王冠書店生意每況愈下，最終於二〇〇一年破產。二〇〇〇年初，羅伯特在網上開展藥店業務，而八十歲的赫伯特卻對此表示不安。因此他也開展了類似的業務，企圖對兒子進行報復性競爭。結果兩家公司在二〇〇一年IT泡沫破滅時同時破產。八十三歲時，赫伯特再婚，但幾個月後便辭世。他去世後家族的紛爭繼續升級，這次是其他家庭成員和他年輕的遺孀爭奪他的遺產。

作為一個局外人，我們很難理解赫伯特的決定。為什麼他作為家族企業王國即將退休的創始人和家族財富的創造者還不滿足？同樣，為什麼羅伯特不徵求父親的意見就告訴《華爾街日報》父親將退休？沒有一個商業人士希望從《華爾街日報》得知他們「被退休」的消息，更不願意看到他們的兒子通過採訪透露這種消息。為什麼赫伯特要把妻子、二兒子和女兒捲入家族紛爭？在這過程中，大量的財富被浪費，家族和睦也被破壞。哈夫特家族的失敗表明，對企業家而言做出退出決定是多麼困難，他們可能會因此採取不理智的做法。

為了進一步瞭解家族心理和偏好在決定退出模式過程中所起的作用，我們採訪了近二千八百位企業負責人，詢問他們對於退出家族企業的規劃。這些企業大多數是第一代中小型股份有限公司。

圖7.3 距離企業傳承還有多少年？（基於2747份問卷）

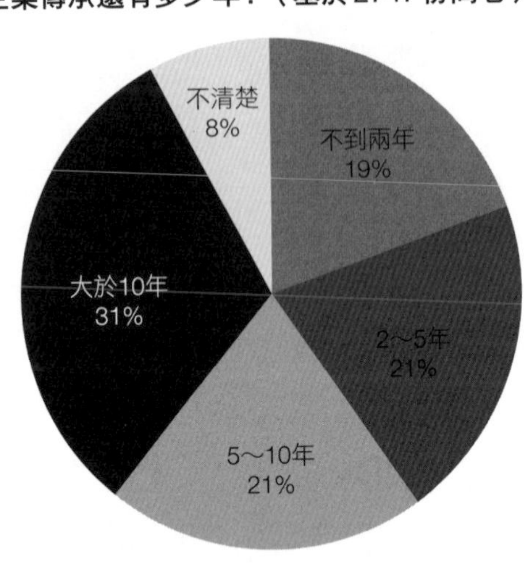

在未來十年，大量的家族和其他非上市企業都會退出，無論是通過傳承還是出售。為了確定有多少家企業即將傳承給下一代，我們詢問企業所有人他們準備什麼時候退出。

正如我們在圖7.3所看到的，許多企業家希望在不久的將來退出，但只有五分之一希望在兩年內退出，其他五分之三希望在十年內退出。鑒於這個可觀的比例以及企業家即將對企業和自己的未來做決定，我們以為多數企業家都正在積極進行退出規劃，但是我們錯了。

圖7.4表明，在那些希望兩年內退出的企業家中，一〇%還沒開始對他們的退出進行規劃，五〇%已經做出了退出規劃，而四〇%正在規劃。

在那些希望在二～五年之內退出的企業家中，幾乎三分之一都還沒開始做退出規劃，而只有四分之一的人已經做完規劃。然而，在希望五至十年內

圖7.4 您有退出計畫嗎？（基於2747份問卷）

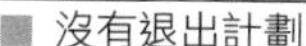

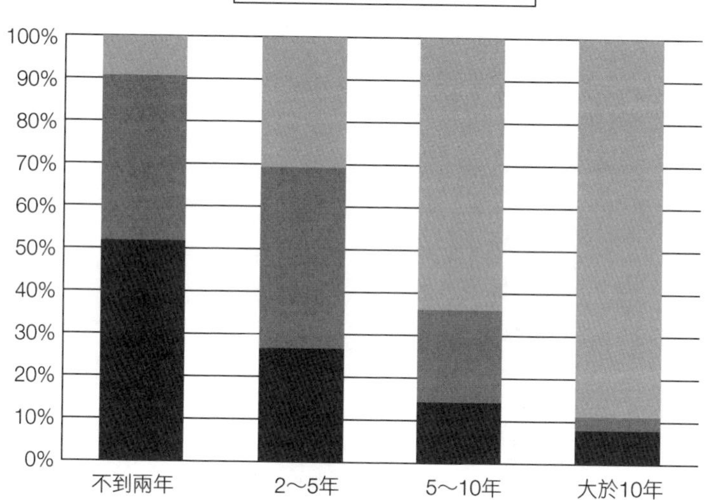

退休的那組中，企業家更沒有做好準備。三分之二的企業家表示迄今為止沒做任何規劃，而只有八分之一的企業家已經完成退出計畫。對於那些希望在至少十年後退休的企業家，幾乎九〇%都還沒開始進行規劃。

這些資料顯示，對於企業家而言提前進行退休規劃是多麼困難，很多企業家不到退出的時候絕不會進行規劃。

圖7.5將家族企業所有人分為三組：已有退出計畫的、正在進行退出規劃的和沒有退出計畫的，以期研究他們期望的退出模式。

那些已經有明確退出計畫的企業家大都希望通過家族內繼承或出售（內部管理層收購或外部管理層收購皆可）退

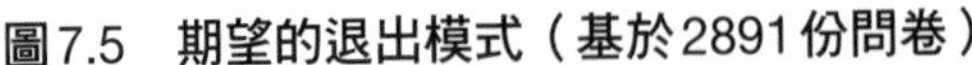
圖7.5 期望的退出模式（基於2891份問卷）

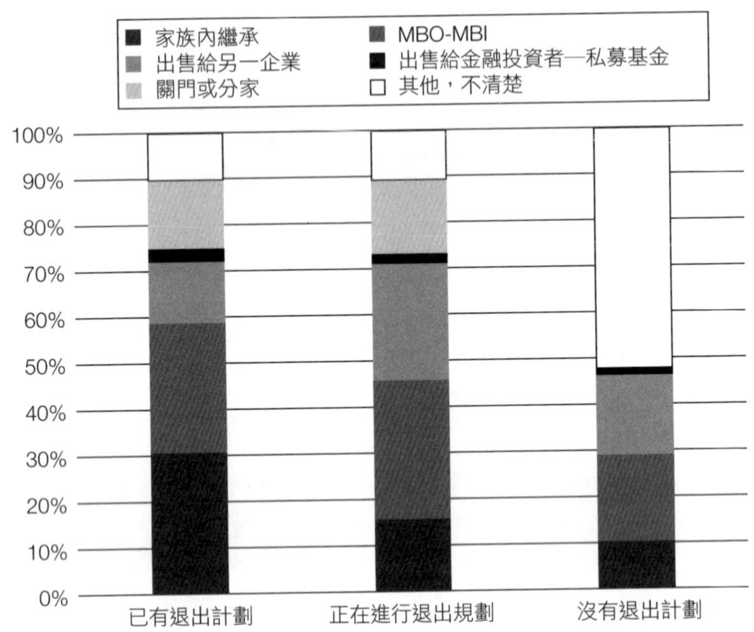

出，這兩種方式占了六〇%。值得注意的是，一五%左右的企業計畫關門大吉或在負責人退出時將企業分家。另外，只有少數企業家計畫將企業出售給諸如私募股權基金之類的金融投資者。

正在做退出規劃的企業家和沒有退出計畫的企業家偏好的退出模式有很大差異。正在規劃的企業家不大可能選擇家族內繼承，而更可能將企業出售。那些還沒開始規劃的企業家沒有明確的期望，他們還是希望以後考慮這個問題。

鑒於許多家族企業都沒做好退出的準備，我們開始試圖尋找其中的個人或家族路障。從上述的許多案例可以看出，個人、家族和心理因素是退出模式的重要決定因素，但是我們需要進一步證明這些基於案例的發現具有更普遍的意義。

在哈夫特家族的案例中，企業所有人、繼承人和其他家族成員之間缺乏溝通，從而造成了毀滅性的後果。因此，我們詢問企業所有人他們是否就退出／傳承計畫和他人溝通過。

在那些已經完成或正在制定退出規劃的企業家中，絕大多數都已經告訴他人他們的計畫，所以他們肯定進行過有關選擇傳承模式方面的溝通。但這就意味著家族成員和繼承人已經知道了嗎？事實上只有不到一〇％的企業家讓他們的家庭成員知情。更奇怪的是，幾乎沒有一個繼承人知情。雖然許多企業負責人希望家族成員接管企業，卻很少有人和自己的接班人討論過這個問題。

雖然沒和家族成員溝通過，但他們中大部分曾和董事會或董事長探討過退出問題。這種做法的後果很難說，但是缺乏溝通無疑會增加不確定性，而且會影響企業未來所有權和管理權結構的決策。在風險和不確定性都存在的情況下，不知情的家族成員可能會選擇其他職業或決定放棄家族企業。甚至有的家族成員可能會投機取巧，從而影響未來家族的和睦和協作。

家族內繼承中的另一個重要路障與企業所有人退休後的角色有關。他／她會繼續干涉企業嗎？他／她會利用自己對企業的充分瞭解以及與客戶、員工還有其他人的長期關係對企業實行控制，並向新的管理團隊發起挑戰嗎？為了找出這些問題的答案，我們採訪了正在積極籌畫退出，

圖7.6　企業家退出家族企業後打算幹什麼（基於1395份問卷）

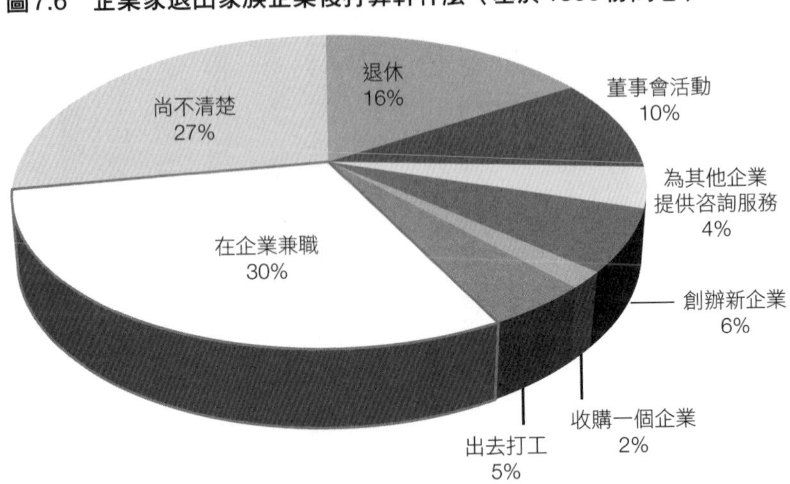

或已經制定退出計畫的企業所有人，詢問他們卸任後希望幹什麼。

據圖7.6顯示，不到五分之一的企業家計畫辭職後退休。大約三〇%的企業家打算在別人接班後繼續留在企業發揮餘熱。很大一部分企業家希望從事其他商業活動，如創辦新公司或在企業董事會任職，而二七%的人表示「尚不清楚」。

創始人對企業的繼續干涉可能會給原本可以成功的傳承帶來路障。許多已退休的企業家辭職後仍然能對家族企業作出重要貢獻，因為他們畢竟是最重要的家族特殊資產，可以讓家族資產的傳承更順暢。但是如果他們妨礙現有運營模式的變革，他們就將成為一個嚴重路障。企業家對未來的不確定也會使他們推遲傳承規劃，並嚴重妨礙家族溝通。

為了理解這些路障的重要性，我們請求正在積極做退出規劃或已經確定退出模式的企業家指出

圖7.7 在退出規劃過程中企業家面臨的最大挑戰（基於1395份問卷）

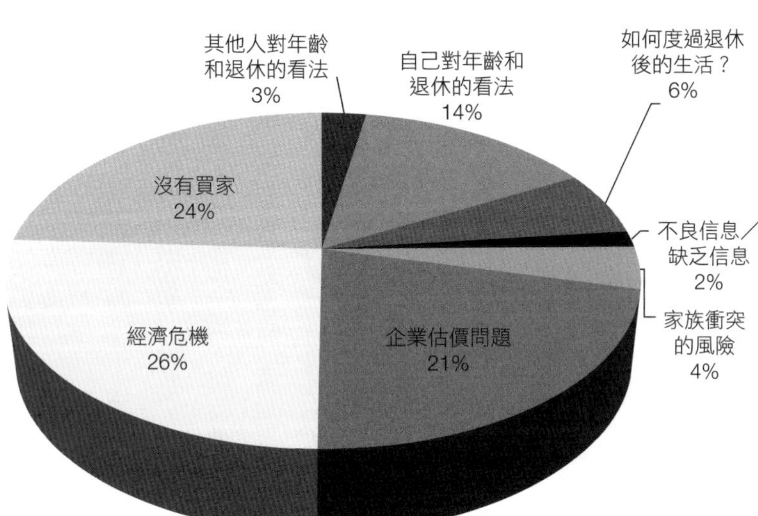

他們在規劃過程中面臨的最大路障。更直接地說，我們提問他們的退出和退休對他人或他們自己是否是一個障礙。

圖7.7顯示，企業家在退出規劃過程中面臨的三大路障分別是經濟危機、沒有買家和企業估價問題。從某種程度上說，這三者之間互相聯繫。經濟危機意味著潛在買家的數量減少，而且他們願意支付的價格也會降低。（我們的調查於二〇〇九年深秋進行，當時全球金融危機已經爆發了三個月。）需要強調的是，企業估價是退出規劃中的一大路障，所以我們還是強烈推薦一個獨立的協力廠商給企業做一次透明的估價。

有趣的是，除了市場路障之外，許多企業家覺得很難接受退休這一事實。五分之一的受訪企業家表示，慢慢衰老以及決定如何度過退休後的生活是規劃的一大路障。這證實了個人和家族心理影響對理解家族企業的傳承過程至關重要。

對正在進行退出規劃的企業家而言，個人和家族問題是主要路障，這就是為什麼許多企業家一直不想考慮如何退出企業。因此，我們問那些還沒開始做退出規劃的企業家為什麼不做規劃，許多人的答案都是「太忙」或「與目前無關」。

大約八〇％的企業家表明他們不想考慮退出問題。這其中的部分原因可能是退出還為時尚早，也可能因為這些問題很難面對。然而由於企業的具體需求，他們實際上只剩下很少的時間可以考慮企業的未來、個人的未來，以及其中牽涉的許許多多家族利益。

退出企業以後的生活

對於許多家族而言，將企業出售後的生活是一個新的挑戰。把企業賣了之後就不用再工作，手上還有大把現金可以過舒適的生活。這可能聽起來很簡單，但是幾十年來企業都是家族的中心；家族成員都會記得他們的每一頓晚餐都有關於企業的話題。對於下一代，參與企業運營是得到別人認可的唯一途徑——在家族的地位與參與企業的程度成正比。突然，那個將家族緊緊綁在一起的黏合劑消失了，而且還不知道用什麼來取代。

我們已經看到，企業家往往不確定退出以後該幹什麼。但是除了個人挑戰之外，他們還面臨一個問題，那就是家族可以做什麼以繼續他們的創業之旅。

最常見也是最簡單的模式就是將出售企業的收益分攤，讓家族成員各過各的。優秀的溝通者還有一個更恢弘的戰略，那就是家族繼續團結一心，將所得收益用於投資新的企業。在出售核心業務後，家族成為一個私募股權投資者。這種趨勢日漸盛行，尤其是核心業務的出售會帶來一筆可觀的收入。

從事鋼鐵經營三百多年的文德爾家族是重新創業的一個典範。在歐洲鋼鐵行業危機爆發時，家族企業於一九七八年被法國政府收歸國有，文德爾家族被迫退出。於是家族成員一致決定將（微薄的）收益用於投資其他私營企業。其中，恩斯特・安東尼・賽利亞（Ernst Antoine Salliere）創辦了新投資公司並領導了近三十年，取得了巨大的成功。最終，該投資公司在法國證券交易所上市。全盛時期，公司的市值超過七十億英鎊。現在，文德爾家族已經壯大至擁有一千多位家族股東，他們總共持有該上市公司三八%的股份。

如今，沒有一個家族成員為文德爾投資公司效力，但是他們的商業傳統繼續把家族團結起來。為了激勵家族成員，家族每年都會給創辦新企業的成員頒發創業獎。此外，家族還利用它的人脈幫助並扶持有才能的年輕企業家從這個大家族中崛起。

如果家族已經退出傳統業務，籌畫家族未來事業的一個方式就是成立一個家族辦公室。家族辦公室可以成為他們退出企業後共同開展活動的中心。家族辦公室的作用千差萬別，取決於家族的財富多少和家族的規模大小。它的主要功能包括管理家族和財富。

對於家族成員個人而言，家族辦公室可以幫助他們解決法律和財務問題，比如填寫納稅申報單、處理法律事務、資助教育活動等等。有些家族辦公室還負責治理活動，其中包括組織家族董事會以及社會和慈善活動。把家族作為一個整體的話家族辦公室還可以負責財富管理，如投資和資產管理。

世界上只有少數家族辦公室可以提供上述所有服務。大多數正式的家族辦公室都在美國或歐洲，在亞洲、拉丁美洲及其他地方則比較少見，主要是因為設立一個提供全面服務的家族辦公室成本很高，只有非常富有的家族才負擔得起。

擴展閱讀

Cadbury, Deborah. Chocolate Wars: The 150-year Rivalry Between The World's Greatest Chocolate Markers. Public Affairs, The Perseus Books Group. 2010.

Cadbury, Deborah, and Morten Bennedsen. Cadbury - The Chocolate Factory: Principled Capitalism (Part 1) and Sold for 20p. (Part 2). Case Pre-Release version, INSEAD, Spring 2013.

Gordon, Grant, and Nigel Nicholson. Family Wars: Stories and Insights From Famous Family Business Feuds. Kogan Page Limited. 2010.

本章重點

- 根據家族規劃圖的預測，當企業資產的戰略價值下跌而與家族所有權和控制權有關的路障增加時，家族就會開始考慮退出問題。
- 退出有多種形式，如上市、聘請外部經理人、將企業直接出售給有意管理的長期員工、新投資者、競爭對手或私募基金。
- 退出規劃極具挑戰性，所以許多企業家選擇一拖再拖。然而，退出準備不足會導致傳承模式不明確，而且許多企業在他們退出過程中或退出後會遭受嚴重損失。

最後一章我們將回到家族規劃圖的基本要素，並看看它的其他用途，同時著重於探討如何將家族和企業治理與這個長遠規劃工具融為一體。

第八章

家族企業規劃圖的延伸應用

在前面幾章，我們已經明確了每個家族企業的核心：家族特殊資產和路障。能力強大的家族善於管理他們的特殊資產，並會創造出獨有的商業機會，為非家族企業所不及。在這最後一章，我們將介紹家族規劃圖的其他用途，並將其延伸至諸如家族和企業治理的問題上。

創辦一個可持續發展的家族企業就像製造一個鐘錶，配備所有零件還不夠，還要完美地協調這些零件，然後我們才能從鐘錶上讀出時間。所以我們需要一個完美的設計圖，讓我們不但能從中看清每一個零件，還能知道它們是如何組裝成一個整體。只有有了設計圖我們才有信心將它們組裝起來。這個類比旨在讓企業家族、顧問與其他服務提供者明白，企業家族需要的是一個有著合理治理制度（零件）的路線圖（設計圖），以幫助家族和企業到達預定的目的地。

下面我們將探究家族企業的三個關鍵因素：家族治理、所有權結構設計以及企業治理。家族企業普遍都有這些機制，而家族特殊的路線圖和目標決定了企業特殊的結構。讓我們重溫家族規劃圖的基礎要素，然後看一看它進一步的應用。

家族規劃圖的基礎要素

家族規劃圖的第一個層面與家族特殊資產有關。在第二章我們舉了很多例子說明強大的家族特殊資產已經成為成功商業策略的基石。

法師家族詮釋了世界上最古老的家族旅館的神話。當八十歲的法師善五郎在茶室和客人喝著泡沫綠茶，一邊遠眺已有五百年歷史的美麗日式庭院，一邊回顧著家族四十六代的風風雨雨時，他一定有著特殊的感受。西元七一七年，第一代法師善五郎出於對社會（日本石川縣小松市粟津溫泉地區）的關懷，創辦了法師溫泉旅館。正是這段獨特的歷史造就了這個舉世聞名的小旅館，即便法師善五郎還沒有充分發揮這個家族特殊資產的市場潛力。

奧克斯．蘇茲貝格家族對《紐約時報》的控制長達一百年，因此他們是《紐約時報》品質的保證，也讓它成為美國獲得「普立茲新聞獎」最多的報紙。他們對好新聞基本原則的堅持——對記者的保護和對新聞隨時候命的態度——更提升了報紙的價值。

台塑集團的工作理念是王永慶在童年歷經的苦難中養成的，刻苦工作、節約成本和嚴謹是他價值觀導向領導方式的精髓。即使他已過世，他的人生哲學「追根究底」還在企業繼續發揮作用。

家族規劃圖的核心是瞭解家族特殊資產的提升價值總是由企業的管理層創造。正是高級管理層的價值觀影響著企業的日常經營策略，正是他們的人脈提升了企業的效益，也正是他們幾十年來一直守護著企業的傳統和聲譽。我們所指的管理層是那些參與關鍵戰略決策的人特別是CEO和董事會主席。

圖8.1展現了家族規劃圖的第一層面。家族特殊資產對企業價值的提升和高級管理層的身份密

圖8.1 家族特殊資產與家族管理

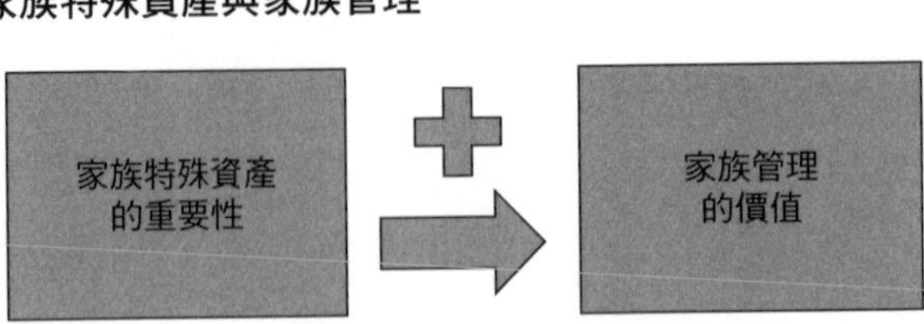

切相關。一般來說，家族特殊資產越強大，就越應該從家族內部任命管理人。如果家族的政界人脈、姻親網路或聲譽等家族特殊資產很突出的話，而且這些資產又通過他們的日常經營決策得到充分利用，那家族成員就有充分的理由可以成為高層管理者。

相反，當家族特殊資產對企業不那麼重要，則從外部任命管理人員更合適。第一，即便從有限的家族繼承人中挑選出最好的接班人，他／她的能力也很難比市場上最好的外部經理人強，尤其是如果家族企業為有經驗的外部人士提供誘人的就業機會。第二，一般而言，外部經理人接受過更好的教育，而且在管理和主管方面更有經驗。

家族規劃圖的第二個層面與路障有關。家族企業必須制定完善的治理策略，以避免源於家族內部、市場或當地制度環境的障礙。英國兩大巧克力企業吉百利和芳潤在合併之後，家族成員人數已達二百多位，而且它們的主要股東將其股權轉移至慈善信託。當企業後來需要資金實施一項宏偉的發展戰略時，吉百利和其他家族企業一樣選擇上市（一九六二年），允許個別家族成員套現股票的同時也為企業的擴張融資，但這卻導致吉百利後來被卡夫收購。

圖8.2 路障與家族所有權

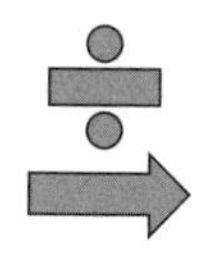

市場集中和政府保護不力改變了香港銀行業的格局。六十年前，香港有一百多家關聯式家族銀行，而如今銀行市場僅由少數幾個大型上市銀行主導。

在南非，二十世紀九〇年代公佈的黑人經濟振興法案意味著白人家族如果要贏得政府合約，則必須承認非白人的部分股權。

上述例子說明了所有權層面出現的不同路障——對外部資金的需求、沒有傳承規劃或控制權強化機制而造成的稀釋，以及創始人平等對待子女的初衷——所有這些意味著企業要抽出資源彌補沒有管理權或股權的家族分支。其他諸如遺產稅之類的約束條件意味著，如果企業要換接班人，那麼它要清盤運營良好的業務。

圖8.2展現了家族規劃圖的第二個層面。路障會產生特定的制約因素，因此如果所有權歸家族獨有，則需要更高的成本。所以有的經濟觀點建議放棄家族所有權。路障最嚴重時意味著要變賣企業，即使它已在家族傳承了好幾代。其他選擇包括引進新的大小股東、家族股票的場外交易（這會嚴重降低家族的股份），以及通過首次公開募股稀釋家族所有權等等。

圖8.3　一些企業在家族規劃圖上的定位

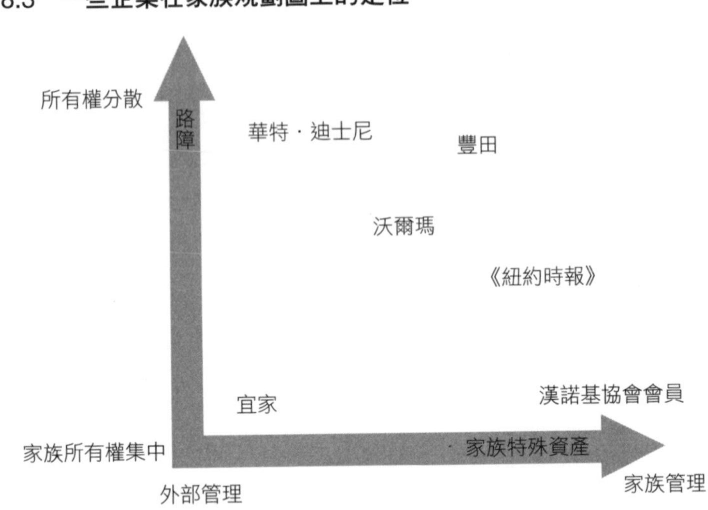

家族規劃圖的其他應用

我們在第四章看到，家族規劃圖對家族企業（無論是所有人還是管理人）和外部分析師來說都是一個強有力的規劃工具。下面我們將介紹家族規劃圖的其他用途。首先，它可以用於幫助家族企業理解並制定關鍵治理結構；其次，它可以與家族和企業治理融合，更有效地為家族企業服務。

家族企業在家族規劃圖中的定位

首先，讓我們通過這個模式弄清為什麼企業會制定出特殊的治理結構，即為什麼每個家族對企業管理權和所有權的參與程度各不相同。

我們在圖8.3可以看到一些國際知名家族企業。在右下象限還有漢諾基協會引以為豪的企業會員。漢諾基協會的三十八家企業已經發展了強大的家族特殊資產，著重於培養傳統、可靠性和聲譽，因此才在全球各個行業生存並繁榮了十幾個世紀。他們深謀遠慮，讓企業順其自然發展，因此克服了企業家族所有的弊端，將所有權掌控在家族手中，並培養了一代又一代的家族管理人才。

我們將目光向上移動就會發現，《紐約時報》被歸類為家族管理和所有的企業。如上文所述，奧克斯—蘇茲貝格家族向這個傳媒企業傳遞了巨大的家族價值。甚至直到現在家族所有權的制約因素也沒對企業的擴張或成功造成重大影響。所以，雖然對外部資金的需求已經在過去四十年間稀釋了家族所有權，《紐約時報》的治理結構還是最佳的。

豐田位於右上象限。即使由於企業擴張使越來越多的外部投資者獲得股權，而且豐田家族已不再是控股股東，但是豐田這個姓氏和聲譽顯然對企業仍然是寶貴資產。二〇〇九年至二〇一〇年，豐田汽車度過了一個艱難時期：召回了上百萬輛汽車並進行了重大戰略調整，但是讓豐田家族成員重新掌權的決策成功地安撫了憂心忡忡的工人和其他利益相關者。

沃爾瑪是現在美國最大的家族企業之一，如今由沃爾瑪家族第二代和第三代管理。它也是一個「混合」案例，因為家族對企業而言仍然是寶貴資產，董事會受到職業管理層和家族影響。雖然沃爾瑪家族依舊是重要股東，但是對外部資金的需求已經稀釋了他們名義上的股權。

華特·迪士尼公司也是美國最大的企業之一。如今，迪士尼家族幾乎已全部退出，僅持有一小部分象徵性股權。在創始人過世後，沒有一個繼承人能夠給企業的管理層傳遞重要價值。迪士尼野心勃勃地向全球娛樂行業的新領域擴張，卻發現家族所有權的制約因素已經多到不能維繫企業的發展。

瑞典宜家的CEO英格瓦．坎普拉德已經退休，職業經理人取而代之，下一代的重要家族特殊資產已經缺失。由於家族所有權目前還沒造成很大的障礙，所以宜家在未稀釋家族股權的情況下實現了全球擴張的目標。雖然第二代家族特殊資產已經缺失，但家族所有權繼續發揮有效作用。因而宜家位於左下象限。

家族規劃圖把家族企業的治理結構分成四類，而迄今為止有關家族企業的大多數研究還主要是二元分類（家族／非家族企業）。我們已經通過具體案例證明了這種分類的可行性，並說明了治理結構與家族特殊資產的本質以及路障的多少有關。但是這些企業都是特例嗎？有沒有更多案例能證明這種分類方法？答案請見下文。

圖8.4基於一九三家一九四九年後在日本證券交易所上市的企業。我們跟蹤了他們治理結構的變化，並計算企業從上市起已經發展了多少年。圖中每一欄的最下面部分代表了典型的家族企業，相當於家族規劃圖中右下象限的企業。在這些企業中，家族控制著企業的所有權，並佔據企業的核心管理職位。倒數第二部分代表那些家族仍然控制著所有權的企業，但是CEO和董事會主席是「受薪員工」，表明家族已經放棄管理權。從上往下數的第二部分代表了家族參與的混

圖8.4　上市後日本企業所有權與管理權的演變

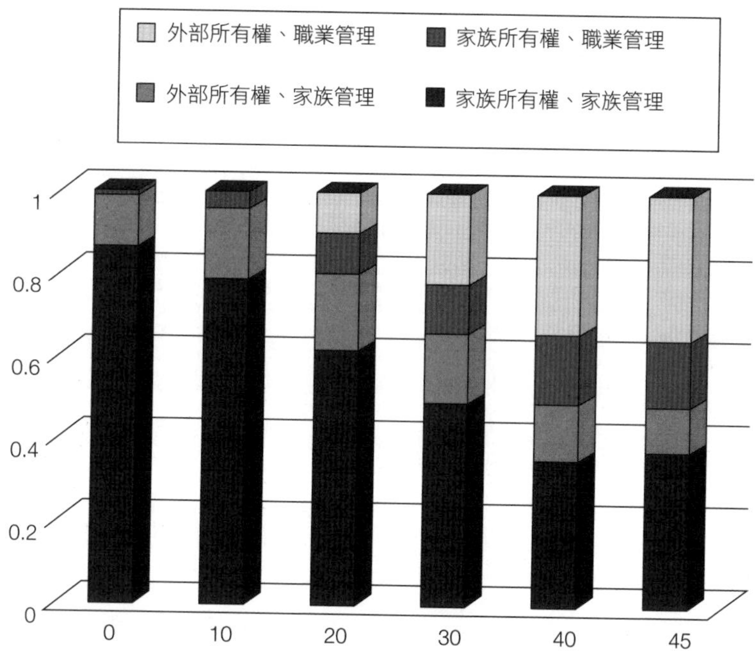

來源：Morten Bennedsen, Vikas Mehrotra, Jungwook Shim, Yupana Wiwattanakantang, Exit and Transitions in Family Control and Ownership in Post-War Japan, 2014.

合企業，在這些企業中，家族僅掌握著管理權，如豐田汽車的豐田章男。最上面部分反映了家族退出的企業，其中家族通過直接出售股份或逐漸稀釋所有權而放棄了管理權和所有權。

需要注意的是，這些家族企業上市四十四年後，只有三〇%的企業家族參與度還很高，而且家族同時擁有所有權和管理權。四〇%左右的家族都已放棄對所有權和管理權的控制。

最有趣的是，四十年後，大約三〇%的企業已經將它們的治理結構轉變為家族規劃圖中混合案例的一種。一五%左右的企業保留了家族所有權，同時引進了職業經理人。更多的家族已經放棄了控股股權，但仍然積極參與管理。因此，豐田章男的案例並不罕見，因為許多家族都已放棄對所有權的控制，但仍然控制著管理權。

上圖突出了家族規劃圖對預測四種所有權和管理權結構的重要性。值得強調的是，混合的家族所有權／外部管理和外部所有權／家族管理在日本也占很大比例。二〇〇〇年，在日本證券交易所上市的所有企業中有二〇%屬於混合案例的企業。

家族規劃圖與企業治理

在過去的幾十年，企業治理成了全球大型企業的主要話題。美國的安隆（Enron）和世界通訊公司（WorldCom）、義大利的帕瑪拉特（Parmalat）及其他商業帝國的衰落引發了全球對治理形勢的討論。

通過對不同國家和文化的考察，我們驚訝地發現在談到治理時，每個國家辯論的焦點都大不一樣。在美國和歐洲，對治理的辯論主要集中在企業治理機制的問責制，比如如何讓董事會負起責任、如何選舉董事成員組成理想的董事會，這涉及董事成員的背景、勝任能力，尤其是獨立行使管理職權的能力，以及如何讓董事成員最好地監督並引導一個現代企業。

西方關於治理的第二個熱門話題是經理人和董事的薪酬。近幾年來，企業高層的收入呈爆炸式增長，因此引發了高階管理人員的收入和付出是否匹配的熱議，以及他們的薪酬如何反映他們的實際表現。薪酬改革被視為讓董事在現代企業中更負責任的一種方式。

然而，日本、中國和其他亞洲國家及地區對這些並不那麼關注。在這些地區，關於治理的討論主要集中在與家族企業所有權有關的問題：合理的所有權模式是什麼樣的？家族應該如何通過諸如信託和基金之類的控制權強化機制集中控制權？當老一輩退休時，家族企業應該選擇何種傳承模式？

雖然每個國家或地區對治理問題的關注點天差地別，一開始可能會讓人摸不著頭腦，但家族規劃圖卻可以提供一個解釋。當家族特殊資產的作用減弱而路障激增時，家族規劃圖預測家族會放棄管理權並減弱他們的實際所有權。一旦所有權分散（控股股東不存在），關鍵的治理問題就是「無力」的股東確保管理層為他們的利益服務。幾十年來，在共同的目標激勵問題上分歧一直存在。當企業權力交給有能力的外部經理人時，股東該如何確保他們的投資收益？另一個問題是如何確保家族在董事會的代表獨立於管理層並有能力領導一個大型現代集團。還有，如何協調對有權力的管理人員的激勵機制與對無權力的股東的激勵機制，以確保投資有良好的回報，如對薪酬進行改革，使管理人與股東利益一致。

根據我們的觀察，大多數大型美國家族企業在家族規劃圖中都屬於左上象限，即他們的家族特殊資產已經不能彌補家族管理的缺陷，所以必須引進外部管理。同時，為了擴張而對外部資金的需求已經稀釋了家族的所有權，所以治理的問題必然集中於問責機制和薪酬。還有一個問題就是，如果企業不再需要家族的資金支援，那麼富有的家族該如何消費他們的股票收益，這或許可以解釋為什麼美國在家族企業的辯論上越來越關注家族投資辦公室。

相反，當企業從強大的家族特殊資產中得到價值提升，而且沒有重大的路障影響家族所有權，家族規劃圖預測家族將繼續保持控制權，因此管理問責和薪酬問題的重要性將下降。當家族CEO也是股東，他／她的薪酬結構就不是主要激勵因素。以在英國的印度大亨拉克希米．米塔爾（Lakshmi Mittal）為例。米塔爾是歐洲最富有的人，他是安賽樂．米塔爾（Arcelor Mittal）帝國的CEO，持有該企業四一％的股份。二〇〇八年和二〇〇九年，米塔爾接受了兩次減薪，最後他的基本年薪為一百四十九萬美元。這在普通人看來是很高的薪水，但對米塔爾來說，這只是他全部財富的零頭而已。二〇〇八年一月，米塔爾的淨資產預計在四百五十億美元。作為企業的大股東，他收入的主要來源是紅利和獎金，而不是工資。

在這種情況下，家族規劃圖預測，首要的治理問題將集中於家族的最佳所有權結構，尤其是當家族壯大而導致所有權分散時。這些問題包括：

- 在所有權和管理權代代傳承的過程中如何使企業的潛力充分發揮並使家族衝突減少？

- 家族可以利用何種控制權強化機制來設計最優的所有權結構？
- 這種結構如何使家族保持控制權並滿足外部小股東的利益？

基於這些考慮，所有權和管理權集中的典型家族企業會面臨下列的諸多問題：

- 引進諸如信託或基金、雙層股票結構或表決權協定之類的控制權強化機制會有什麼樣的經濟後果？
- 如果家族成員擔任最重要的管理職位，外部經理人在企業該扮演什麼樣的角色？
- 當外部經理人不能擔任高級管理職位時，如何激勵他們繼續為企業效力？
- 如何為在企業的家族成員設計公平又透明的職業路徑？
- 擔任高級管理職位的條件是什麼？
- 如何在一些能勝任的家族成員中挑選高級管理人？

針對這些問題，我們還是可以用家族規劃圖預測混合案例中治理問題的關注點。當家族還是控制權所有人但已退出管理層時，治理的焦點就是如何強化並鞏固管理人和所有人之間的關係。如果企業完全由家族所有，我們很少發現企業有激勵機制，因為家族密切監控著高級管理層，並經常參與重要決策。在這種情況下，如何給予職業經理人充分的自由和信任是一個關鍵治理問題，以便讓他們制定能讓企業受益的長遠戰略。即使家族已經退出管理層，家族成員可能還是不願意承認他們不是最好的管理人，而且也不願意接受沒有權力干涉職業經理人管理的事實。因此，治理結構的挑戰就是如何保持家族和管理層的距離，好讓能幹的職業經理人可以集中精力把企業發展壯大，而不是使企業受個別家族成員特殊偏好的影響。

從治理的角度來看，最具挑戰性的情況就是家族經理人在管理層占上風，但在所有權層面不佔優勢，不是因為家族不願意放棄權力，而是因為它的獨特資產已受到外部控制性股東的認可。這種家族經理人往往比職業經理人有能力，並對如何進一步發展企業有自己的想法。家族規劃圖預測，這種情況下的相關治理問題將是：

- 企業所有人該如何設計治理結構以充分利用家族擁有的特殊資產？
- 企業所有人該如何激勵家族成員，好讓他們捍衛所有股東的利益，而不僅僅是家族的利益？

家族規劃圖與家族治理：讓家族團結在一起

顯然，如果家族要維持特殊資產並長期管理企業的話，它一定有辦法做關鍵決策並解決衝突。家族治理的很多方面都通用，如有效溝通、團隊建設和衝突管理，但是它們的重要性已經被論述得太多了，所以我們的重點是由於文化差異而造成的治理形式差異。

言傳身教

如何在家族成員中營造一個治理的氛圍？對於一個小型家族而言，父母可以通過言傳身教，比如和子女一起去教堂做禮拜（或去寺廟燒香）、祭拜祖先，或從事教育、文化和慈善活動等對子女產生潛移默化的影響。

台塑集團的創始人王永慶的人生哲學是「追根究底」。在他子女留學期間，他囑咐他們把每日開支一筆一筆記錄下來，甚至細緻到一把牙刷的費用。

在北京，我們遇到過一個成功的荷蘭企業家，他是家族的第三代成員。當我們問他是如何繼承家族價值觀時，他回答說，當他上大學時，他父親僅給他一點點錢，並叫他做開銷報告，所以他必須打零工賺取生活費和學費。

香港有一位已八十歲高齡的商人最終決定退休時，他的子女一致同意延續父親的基業。他們接受過良好的教育，而且事業有成，所以很明顯，他們並不是沒有別的選擇。當問及為什麼要回到家族企業時，他們說是出於對父親的崇拜，因為父親在過去的四十年間一直堅持將企業十分之一的利潤匿名捐給教堂。雖然沒有人知道捐款的來源，他的子女很清楚是什麼價值觀支撐他的慷慨並深受感染。所以他們想好好經營企業，並像父親一樣把所得利潤貢獻於慈善事業。

決策機制

對於大型家族，子女除了耳濡目染之外，他們可能還需要更清晰的治理機制。家族可以考慮召開正式會議討論問題並做決策。如果缺乏共識，則應該制定決策規則來解決分歧。少數服從多數的原則（一人一票）對信仰新教的家族成員有效，因為新教強調平等，並尊重獨立思考。然而如果家族受其他文化影響，而且不接受平等，這種原則可能就沒那麼奏效。

例如，中國文化推崇家庭和社會和睦。有趣的是，千百年來，中國帝王和古代哲學家都覺得家庭和社會的和睦可以通過禮樂實現，而不是溝通和投票。中國有特定的原則維繫上下級關係、父子關係、夫妻關係、兄弟姐妹關係以及朋友關係。傳統的中國家庭有嚴格的等級觀念：父親、長子、次子和未出嫁的女兒。母親往往沒有地位和權力，充當的僅僅是幕後的協調者。雖然女兒出嫁時會得到一筆嫁妝，但她們在等級中的地位隨著加入另一個家庭而消失。當然，親家就更沒權力了。最終，家庭等級最頂部的那個人會決定如何分配家庭財產以及如何解決衝突。

如果按〇—一〇〇的評分標準，社會學家表明，美國個人主義的得分為九〇，而中國的得分僅為二〇。如今，許多中國家庭不但受傳統的薰陶，還受其他文化的影響。但是由於傳統的根深蒂固，他們往往不接受少數服從多數的原則。每一個家庭都會根據他們的文化淵源做深刻的「自我反省」，並根據自己的文化設計與制定家庭決策規則，如下述的例子所示。

假設一個中國家庭由五人組成，父母都很傳統，但是三個成年子女卻受西方朋友和教育的影響。在這種情況下，「混合」的決策制度可能有效：他們可以採取少數服從多數原則，但是一家之長（父親）享有兩至三票，而不是像其他人那樣只有一票。或者，父親可以和其他人一樣只有一票，但是有否決權，每三年可以用一次。另一個辦法是，讓父親做決策，但是家庭的其他成員有否決權。

無論採取哪種決策機制，家庭成員都要經過好幾年、召開無數的家庭會議才會學著尊重規則和所做的決策。對於複雜的商業家庭，這麼做是值得的，因為這樣可以避免將來代價高昂的家庭衝突。

家族與企業分離

在大型多代同堂的家族中，治理的另一個特徵是家族和企業決策的分離，所以他們創造了不同的決策平臺以解決家族和企業問題。例如，他們可以設立一個家族委員會來處理家族問題，這個委員會由不同分支和不同世代的成員組成，而商業決策可以讓單獨的企業董事會受理。

家族成員的個人需求可以通過企業之外的機制滿足，這樣企業的運營和業績就不會受影響。如果一個創業型成員想要自立門戶，但缺乏資金，家族可以設立一個獨立於企業的基金為新創業項目提供資金，家族委員會的投資子委員會可以對這些項目進行評估和審批。類似地，家族也可以設立一個獨立於企業的基金以資助家族成員的教育或應對緊急狀況。

當然，企業問題應該由家族處理，畢竟一些家族成員是重要股東，他們可能在家族委員會或企業董事會都擔任要職。關鍵不是讓家族成員充斥著董事會，而只要選出足夠的家族成員作為家族在董事會的代表並監管企業。

為了達到專業的管理水準並實現權力制衡，企業董事會應該吸收外部經理人和獨立的協力廠商。

雖然家族儘量把商業決策交給企業董事會，家族和企業問題總會交叉，比如該支付多少股息、家族成員是否可以買賣企業股票、他們是否可以在企業工作，以及他們是否可以自己創業。因此，家族需要制定家族委員會和企業董事會的責任劃分機制。

例如，如果家族委員會可以決定在接下來三年內每年向股東支付的股息範圍，企業董事會就可以決定在那個範圍內的具體股息水準。如果家族委員會為評估和監督家族成員的工作資格和表現設立指導方針，企業董事會就為家族和外部員工制定並執行績效考核和薪酬機制。

家族憲法

大型多代同堂的企業家族應該考慮整合他們的家族治理形式。家族「憲法」的作用就在於此。典型的家族憲法將明確定義家族成員、價值觀和目標。為了把這些統一起來，家族憲法必須列入可以規範家族成員行為和關係的條款。家族憲法不是一份法律檔，它的可執行性取決於家族共識和因果關係。所有家族成員必須相信家族憲法所規定的價值觀和目標，並願意承擔違反這些規定的後果。當然，家族憲法也應該賞罰分明。

家族憲法內也可以規劃其他治理機制，如家族議會和家族委員會。家族議會由所有成年家族成員組成，用於選舉家族委員會的成員，並組織家族內的教育、文化、娛樂和慈善活動。此外，家族憲法應該制定家族議會和家族委員會必須遵循的規則。

股東協議

大型多代同堂的企業家族應該制定一個家族股東協議。協議規定每個成員可以持有的企業股份以及股份相對應的權力，如表決權、分紅權和股票轉移權。股東協議可以不必遵循一股一票的原則，而規定家族可以作為一個整體進行表決，或者某些股票可以享有更高的表決權。它也可以限制股份只能在家族內轉移或為股票定價。

應用：家族治理如何影響企業傳承路徑

我們已經探討了家族特殊資產和路障對企業傳承的影響。圖1.1所展示的簡單框架強調了規劃

圖8.5　家族治理與傳承模式

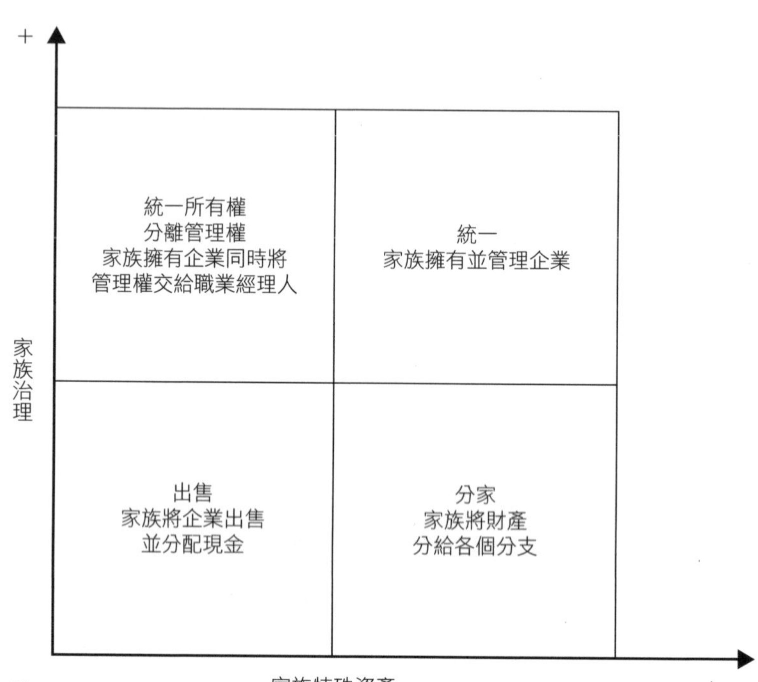

的重要性。然而，家族特殊資產和路障不是獨立的，他們可能會相互影響，從而影響家族的傳承路徑和特定的治理任務。例如，家族壯大會分散家族所有權；當家族越來越大越來越複雜時，維持家族共識和和睦就變得更為困難，而且家族還會面臨失去關鍵特殊資產的風險。如果這些問題放任不管，它們可能導致整個家族和企業分崩離析。最終，家族能否強化治理並設計所有權結構應對規模壯大是關鍵所在。

圖8.5說明了強化家族資產的能力可以影響企業傳承的結果。面對越來越多越來越複雜的家

族成員，長期的傳承結果取決於家族在成本範圍內提高治理效率的能力。為簡單起見，假設家族治理短期對家族特殊資產不會造成實質性影響（這個假設有點不切實際，但是這樣不會影響我們的結論）。當一個家族有豐富的特殊資產，並有能力實行完善的家族治理（右上象限），則傳承模式就是「統一」，即家族將繼續統一控制並管理企業。相反，如果一個家族沒有強大的特殊資產，而且家族治理也很薄弱（左下象限），則出售的模式更可行，即出售企業並分配現金，而且在這個過程中他們可能要尋求法律援助。

還有介於兩者之間的情況。如果家族對企業所做的獨特貢獻很小，但是治理水準有望在將來提高，則家族可以繼續團結一致並控制企業，而把企業決策交給外部職業經理人（左上象限）。最後，如果一個家族有豐富的特殊資產，但是無法提高治理水準，則最佳的傳承模式是「分家」，即將企業和資產在家族的不同分支中分配。如果沒有將所有權與管理權分離，家族可以設計交叉持股的結構來分享諸如姓氏、傳統和人脈之類的家族特殊資產。

家族規劃圖和所有權結構設計：共用家族特殊資產同時保持控制權

所有權是連接家族和企業的紐帶。所有權結構的品質會影響家族和企業的平穩發展，所以家族領導不應該到最後一刻才設計所有權結構。回到本章開頭有關鐘錶的類比，一旦家族相信自己的「零件」和其他家族鐘錶的零件配合默契，可以顯示時間（達到家族的長期目標），他們就應該進行所有權結構設計。

所有權是一套權力：決策權、分紅權和交易權。所有權結構設計不僅僅是如何分割家族這塊餡餅，也包括分配這三種權力。下面我們總結了關於設計所有權結構的幾個重要原則。

第一個原則是控制。家族所有權要多集中才能有效控制企業同時滿足其他需求？比如，商業環境越不利，家族控制應該越集中。但是我們知道環境路障可能會分散家族所有權，所以家族可以制定所有權強化機制，如雙層股權結構或金字塔股票結構，來加強他們的控制並提高企業治理效率，以減輕所有權結構對外部投資者的不良影響。

第二個原則是平衡。所有權分配的對象和份額應如何規定才能讓家族成員有責任感，促進家族合作並共用無形資產？家族可以規定股票如何分配給家族成員、外部經理人和員工。在許多文化背景下，所有權分配方式取決於家族傳統，而且通常在家族領導去世時分配，可謂千載難逢。然而，除了對文化和傳統該有的尊重，家族也應該早點分配所有權，因為所有權安排可以使得股東對他們與家族和企業之間的關係抱有合理的期望。如果沒有這些期望，許多家族企業都會遭遇搭便車問題、家族內鬥，甚至是最終的毀滅。

或者，家族可以基於路障預估控制權的水準，並在不犧牲有效控制權的情況下將股票分配給股東。對企業長期成功至關重要的家族成員、經理人和員工可以優先分配。如果為了補貼家族成員的生活而分配企業的所有權，那就大錯特錯了。記住，所有權是為了共用家族特殊資產，而不是物質財富。家族利用特殊資產的能力應與創造物質財富的能力成正比。

第三個原則是確保流動性。所有權是否應該在家族內以及和外部人員交易？許多家族相信，所有權應該由少數人持有（如果不是一個實體的話），而且應該禁止成員間進行股票交易。這是錯誤的。轉移所有權是協調利益和解決衝突的重要途徑。如果家族限制或禁止股權交易，則他們需要制定非常完善的家族和企業治理機制才能實現協調利益和解決衝突。家族必須權衡所有權和治理方式的成本與收益。這兩種方式往往相輔相成。例如，如果一個企業和背後的家族都很複雜，那就不要指望內部規則來規範家族所有人的行為，而應該設計股票交易機制，允許家族股票有序地交易。

所有權問題很複雜，而且受不同家族、商業和環境因素的影響，所以我們希望提供一些指導意見，而不是現成的解決方案。我們鼓勵家族基於他們自身的侷限做有關所有權的決策，而不是感情用事。

假設一個家族正在準備企業的傳承。他們將家族治理和企業複雜程度作為未來的重要變數。為了提高成功的概率，他們正在考慮設計其他所有權結構，圖8.6即展示了四種可能的情況和他們在每種情況下的所有權選擇。

（一）如果家族希望出資建立強大的治理機制，則它可以考慮統一所有權。如果它希望維持小的家族規模和／或企業的穩定，它可以建立一個家族信託並將家族所有權轉移至信託，同時在企業決策、分紅和解散信託方面設立規定（左上象限）。

（二）如果家族預期家族和／或企業的未來境況會更複雜，則它可以讓家族經理人持有過半數股份並擁有有效控制權，同

圖8.6　不同家族／企業複雜程度和家族治理強度下的所有權結構設計

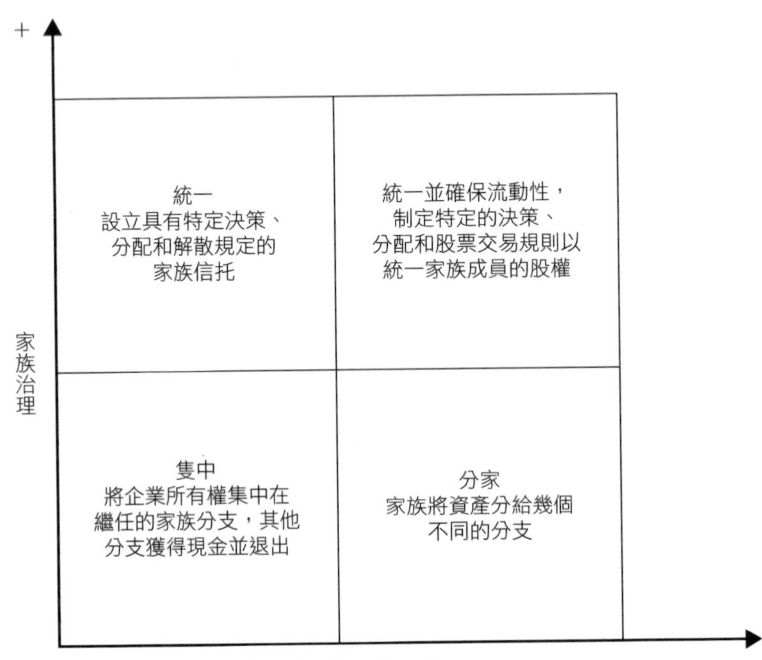

時允許股票正常交易以說明他們隨機應變（右上象限）。

（三）如果家族覺得不管怎麼努力，家族治理都會很薄弱，則它的所有權結構設計可以集中在有效控制和避免衝突。

（四）如果家族結構和企業環境都很穩定，則所有權模式應集中於將控制性股權轉移至指定的家族繼承人，同時其他家族成員獲得現金，並退出企業（左下象限）。

（五）如果家族和／或企業都很複雜，則最佳的所有權模式就是「分家」，即家族將資產分給家族的幾個不同分支（右下象限）。

家族規劃圖與對經理人和董事的激勵

企業家族的第三種任務就是將商業決策交給經理人，同時激勵並監督他們，這樣他們就能為了股東的最大利益而工作。

家族經理人還是外部經理人？

我們已經強調了企業家族有必要制定針對家族成員的招聘政策。在第六章我們的有關資料顯示，當外部經理人接受過精英教育並積累了豐富的工作經驗，或在家族企業任期時間很長，則他們更合適作為企業領導。然而從治理的角度來說，家族成員比職業經理人更可靠。職業經理人可能不像家族成員那樣認同家族價值觀，而且還可能是利己主義者。在新興市場，這種擔心是現實的，因為新興市場對私有財產保護的執法力度很薄弱，第三章的黃河集團和第二章泰國姻親網路已經解釋了這一點。甚至在諸如日本和美國這樣的發達國家，有關職業經理人的企業醜聞同樣不絕於耳，如本田、奧林巴斯（Olympus）、全錄（Xerox）、安隆（Enron）、太空玩具有限公司（Tyco Toys）、美國國際集團（AIG）等等。

如果家族正經營著一個小型而又穩定的企業，並且不缺人手，則它可以不用聘請職業經理人。然而，越來越多的家族開始遭遇各種各樣的路障以及家族「人才流失」問題，所以他們會建立一個包括家族和外部人員的人力資源庫。

家族和外部人員之間的協作

在兼收家族和外部人員時，家族應該考慮的第一個問題就是他們的不同角色和責任，以及兩者之間如何協作。我們已經注意到很多種關於這方面的方法。傳統的方法是，家族經理人領導，職業經理人協助；家族經理人做出重要決策，外部經理人執行。這在創始階段的企業中很常見，因為他們需要專業化的家族投入。多代同堂的家族也會採取這種方法，因為他們的家族治理機制已經很完善，而且培養家族接班人的制度也很嚴格。然而，這種方法的關鍵缺陷是存在家族人才流失和環境變化的風險。比如在中國大陸，獨生子女政策和極不穩定的商業環境就讓家族經理人領導的方法很難維繫。

另一個方法就是職業經理人領導，而家族退居二線。換言之，家族將商業決策全權交給外部經理人，同時激勵並監督他們，以確保他們的決策與家族價值觀和利益保持一致。面對新的挑戰和機會時，這樣做可以緩解家族人力資源不足的問題。最終完全退出企業的家族也可以選擇這種方法。這種方法會帶來「別人的錢」的風險。家族必須學會當一個負責任而又不插手的老闆，將企業職業化並實行完善的治理制度，這樣職業經理人才能有效制定可以提升企業價值的決策。

第三種是團隊方法即家族經理人與外部經理人肩並肩合作。這種方法的一個優點就是所做的決策比較客觀，可以避免由於錯誤或為了一己私利而帶來的風險。台塑集團正是採取這種方法填補了創始人王永慶過世後的管理層空缺。這種方法還可以讓核心管理人員順利交接，並降低管理人員由於健康問題或是死亡而意外離開的風險。如果家族可以貢獻特殊資產，同時面臨越來越大和複雜的企業經營問題，複雜到他們力不從心，這時候他們則可以採取這種方法。然而，這種共同管理的方法有一個重要缺陷，就是家族經理人可能沒辦法擺脫「企業負責人」的心態，一心想主導決策過程。這個問題可以通過劃分決策責任和／或擴大決策團隊來克服，但是這樣做需要額外的協調。為了緩解這些問題，家族應該建立一個制度，以培養和外部經理人健康協作的關係。

酬報並提拔經理人

有一種傳聞說，家族企業給他們經理人的工資普遍過低，所以很難相信這麼剝削經理人的企業還會成功。現實是，成功的家族企業都對他們的經理人很慷慨，甚至會給他們非家族企業不會給的額外獎金。

我們先談一談CEO的工資。在家族企業中，CEO往往不是最高領導，而是位居董事會主席之下，而董事會主席通常由一個家族成員擔任。鑒於他們的不同職責，人們可能以為，家族企業CEO的工資不應該像非家族企業的同行那麼高。事實上他們至少應該得到那麼高的工資，額外的獎金是用來補償他們沒有晉升的機會，即他們不是最高決策者。高工資並不僅僅是為了留住CEO並獎勵他們的表現，還為了激勵CEO下面的經理人，帶動他們的工作積極性並激勵他們努力更上一層樓。

企業所有人必定清楚他的商業目的並設計合理的薪資結構，以激勵經理人達到這些目的。我們知道，現金和獎金不會產生長期的激勵效果或實現對家族企業很重要的價值轉移，而分享股權是實現這些激勵效果的重要方法，但是家族企業往往不願意讓經理人持股，因為這樣做會稀釋他們的所有權。對此他們應該重新考慮一下。問題的關鍵是允許股票交易，以此確立股票的公允價值。稀釋問題可以通過特定的規則緩解，如虛擬股票、無表決權股票，並／或限制股票在家族成員和員工之間交易等等。在設計所有權機制時有一點要記住，我們越限制所有權的轉移，企業越可能像一個公共企業一樣——人人都想要發言權，人人都想要高工資，但是沒人真正關心企業。

建立一個完善的董事會

企業家族需要一個可以討論和做決策的地方。家庭餐桌通常是這麼個地方。然而隨著家族和企業的發展，他們應該創造一個獨立的平台處理企業事宜，即董事會。和鞏固家族利益的家族董事會類似，企業董事會可以鞏固股東利益並監督商業決策，使企業朝著所有股東（家族或非家族）利益最大化的方向發展。

在第一代家族企業中，董事會往往由家族領導主導，而其他成員僅僅是有名無實。如果企業很小，而且家族領導是唯一所有人，這是可行的；但是隨著它變得越來越複雜，就需要額外的人力和權力制衡。當新一代家族成員加入而且企業需要籌集資金時，股東的人數也逐漸增加，並且新股東要學會如何一起做商業決策。不幸的是，許多家族都對這種轉變準備不足，最後往往導致企業的衰落。

許多企業創始人很難放棄控制權，即使一小部分也不行，因為他們把過去的成功歸功於對權力的壟斷。由於他們總是覺得自己的子女或職業經理人永遠都沒做好經營企業的準備或不可信賴，所以他們不得不一直工作，認為把企業控制得越久越好。然而他們終有一天要退休，那時就會留下沒有做好準備的子女和一個他離開就很脆弱的企業。所以，設立一個有效的企業董事會最重要的要求就是家族企業的領導認識到這個風險並放鬆他／她的控制。

有效的董事會必須可以基於集體智慧做出完善的決策，而不是受一己私利驅使。為了實現這個目標，企業應該同時吸納家族和外部人才，將權力交給董事會，並制定可以使它有效運行的規則。為了給職業經理人和外部董事騰出空間，企業應該僅允許一小部分有能力的家族成員參與董事會選舉。在做決策時，這些家族成員的想法應該保持一致，或代表所有家族股東。家族應該自願放棄一些權力，傾聽職業經理人的建議，並接受他們的監督。

擴展閱讀

Bennedsen, Morten, Vikas Mehrotra, Jungwook Shim, and Yupana Wiwattanakantang.Exit and Transitions in Family Control and Ownership in Post-War Japan. Working paper. 2014.

Hofstede, Geert, Gert Jan Hofstede, and Michael Minkov. Cultures and Organizations: Software of the Mind, McGraw-Hill, Third Edition, 2010.

本章重點

- 家族規劃圖的兩個基本要素是家族特殊資產和路障。強大的家族特殊資產可以提升家族管理的效果，而嚴重的路障會妨礙所有權在家族手裡集中。
- 家族規劃圖是一個強大的分析工具，可以用於理解全球家族企業的所有權和管理權結構，並解釋東西方國家在企業治理上的不同關注點。
- 強大的家族特殊資產和強大的家族治理可以相互作用，從而幫助家族選擇最佳的傳承模式。強大的家族治理和薄弱的家族特殊資產可以為未來的家族所有權提供足夠的空間，而薄弱的家族治理和強大的家族特殊資產會影響家族團結。

後記

我們在本書中展示了關於全世界家族及其企業的研究證據和相關案例，旨在揭示它們何以持續繁榮的關鍵資訊。我們發現這些資訊是通用的，因為它們對美洲、歐洲、亞洲和非洲的企業家族都適用。可持續發展的家族企業善於利用家族特殊資產制定商業策略和有效治理策略，從而降低路障成本。

維持這種可持續性的關鍵是瞭解家族的特殊資產和無形財富的重要性，以及如何在家族、企業和社會維持並分享這些資產和財富。成功的企業家族知道如何加強家族特殊資產、如何培養並激勵家族成員和職業經理人，從而克服內外部路障。它們也意識到自身的侷限，並提前二十年合理規劃理想的路徑，以期到達目的地。一旦它們的目標確定，這些家族就會團結一致，制定適合企業的治理機制，並將企業推向成功。在這過程中，每個家族成員都願意犧牲自己的利益成全家族的共同利益，並因此感到滿足。

最後，我們以《道德經》（西元前四七〇年前後由老子所著）裡的話收尾。「有之以為利，無之以為用。」無勝於有，因為有「天下萬物生於有，有生於無」。長遠規劃有助於家族企業的成功，我們的研究發現竟然與中國古代哲學的思想驚人的一致。

案例清單

馬士基集團（Maersk Group）	第三章
阿涅利家族（Agnelli family）	第五章
赤福（Akafuku Co., Ltd）	第一章
阿爾迪（ALDI Einkauf GmbH &Compagnie, oHG, Albrecht Diskont）	第一章
美國國際集團（American International Group, Inc., AIG）	第八章
安賽樂・米塔爾（Arcelor Mittal）	第八章
百度（Baidu, Inc.）	第四章
東亞銀行（Bank of East Asia）	第三章
貝塔斯曼（Bertelsmann SE & Co. KGaA）	第五章
黑人經濟振興法案（Black Economic Empowerment）	第八章
龐巴迪公司（Bombardier Inc.）	第五章
布朗夫曼家族（Bronfman family）	第五章
布羅森家族（Brorsen family）	第七章
寶格麗（Bulgari）	第四、五章
比亞迪股份有限公司（BYD Company Limited）	第四章
吉百利（Cadbury）	第二、五、七、八章
佳能（Canon Inc.）	第一章
美國嘉吉公司（Cargill, Inc.）	第一、五章
嘉士伯集團（Carlsberg Group）	第五章
長庚紀念醫院（Chang Gung Memorial Hospital）	第五章
超大現代農業控股有限公司 （Chaoda Modern Agriculture (Holdings) Ltd.）	第四章
喬杜裡集團（Chaudhary Group）	第二章
長江實業（Cheung Kong (Holdings) Limited）	第三、五章
阿比歐拉（Chief Abiola）	第六章
創興銀行（Chong Hing Bank）	第三章
Citra Lamtoro Gung Group	第二章
科隆納家族（Colonna de Giovellina family）	第一章

米其林公司 （Compagnie Générale des Établissements Michelin SCA, Michelin）	第四章
達特集團（Dart Group、達特藥業〔Dart Drug〕）	第七章
De Mouzini	第五章
迪卡儂（Decathlon）	第四章
迪凱堡皇家酒廠（DeKuyper Royal Distillers）	第五、六章
德馬雷（Desmarais）	第五章
Didwania clan	第二章
庫塞戈酒莊（Domaine de Coussergues）	第一章
唐娜・卡蘭（Donna Karan）	第四、五章
杜邦（E. I. du Pont de Nemours and Company, Du Pont）	第五章
安隆公司（Enron Corporation）	第八章
禮儀茶藝學校（Enshu Sado）	第六章
伯萊塔公司（Fabbricad' Armi Pietro Beretta）	第一章
輝柏嘉（Faber Castell）	第二、三章
費倫次・久爾恰尼（Ferenc Gyurcsàny）	第二章
霍英東（Fok Ying Tong）	第二章
福特汽車（Ford Motor Company）	第一、四、五章
Forever 21	第二章
台塑集團（Formosa Plastics Group）	第一、二、三、五、六、七、八章
月桂冠株式會社（Gekkeikan Sake Company）	第六章
Gekkonen	第五章
詹尼・凡賽斯（Gianni Versace S.p.A.）	第二章
喬治・阿瑪尼（Giorgio Armani）	第二章
國美電器（GOME Electrical Appliances Holding Ltd.）	第三、四章
谷歌（Google）	第五章
歐尚集團（Groupe Auchan SA）	第一、四、五、六章
廣廈建築集團（Guangsha Construction Group）	第四章
桂林三金藥業（Guilin Sanjin Pharmaceutical Co., Ltd.）	第四章
海亮集團（Hailiang Group）	第四章
漢考克陶瓷（Hancock Chinawere Co., Ltd.）	第二章
海尼根啤酒（Heineken Lager Beer）	第五章
恒基地產（Henderson Land Development Co. Ltd.）	第五章
漢諾基協會（Henokiens）	第四、五、六、八章

賀利氏（Heraeus）	第一章
愛馬仕（Hermes）	第二、三、四、五、七章
法師溫泉旅館（Hoshi Ryokan）	第一、二、三、四、五、六、八章
黃河集團（Huang He Group）	第三、八章
和記黃埔有限公司（Hutchison Whampoa Limited）	第一章
現代集團（Hyundai Group）	第二章
宜家（IKEA）	第一、二、四、六、七、八章
中國工商銀行（Industrial and Commercial Bank of China Ltd., ICBC）	第三章
歐文石油公司（Irving Oil）	第五章
芳潤（J. S. Fry & Sons）	第八章
比利時楊森家族（Janssen family in Belgium）	第五、六章
怡和集團（Jardine Matheson Holdings Limited）	第四章
江蘇紅豆實業股份有限公司（Jiangsu Hongdou Industry Co., Ltd.）	第四章
Kenzo	第一章
開雲集團（Kering，原名碧諾－春天－雷都集團，Pinault-Printemps-Redoute (PPR)）	第七章
龜甲萬株式會社（Kikkoman Corporation）	第一、四章
科氏工業集團（Koch Industries, Inc.）	第一章
丹麥康潘進口兒童遊樂設備有限公司（KOMPAN Inc.）	第七章
金剛組建築公司（Kongō Gumi Co., Ltd.）	第一、六章
美國卡夫食品公司（Kraft Foods Group, Inc.）	第一、七章
李維斯（Levi Strauss & Co.）	第五章
LG集團（LG Corporation）	第二章
利豐有限公司（Li & Fung Limited）	第五章
李寧有限公司（Li Ning Company Limited）	第四章
力帆實業（集團）股份有限公司（Lifan Industry (Group) Co., Ltd）	第四章
小肥羊集團有限公司（Little Sheep Group Limited）	第七章
樂天有限公司（Lotte Co., Ltd.）	第五章
LVMH（Moët Hennessy・Louis Vuitton，酩悅軒尼詩・路易威登）	第一、二、五、七章
瑪麗亞・亞松森・阿蘭布魯薩瓦拉・拉雷吉（María Asunción Aramburuzabala Larregui de Garza）	第二章
麥凱恩食品有限公司（McCain Foods Limited）	第五章
美的集團（Midea Group）	第四章

三井集團（Mitsui Group）	第五章
蒙吉諾集團（Monzino）	第六章
穆裡耶茲家族（Mulliez family）	第一、四、五、六章
新希望集團（New Hope Group）	第四章
《紐約時報》（New York Times）	第一、二、三、五、六、八章
玖龍紙業控股有限公司（Nine Dragons Paper (Holdings) Limited）	第四章
Nusamba集團	第二章
岡穀公司（Okaya& Co., Ltd.）	第一、六章
奧列格・德里帕斯卡（Oleg Deripaska）	第二章
奧林巴斯公司（Olympus Corporation）	第八章
帕瑪拉特（ParmalatS.p.A.）	第八章
保羅・馬丁（Paul Martin）	第二章
Peligrino	第五章
標緻（Peugeot）	第四章
菲爾達（Phildar）	第一章
皮爾・卡爾・培杜拉（Pierre Karl Péladeau）	第五章
Pochet SA	第一章
拉夫勞倫（Polo Ralph Lauren）	第五章
保時捷汽車控股公司（Porsche Automobil Holding SE）	第二、三章
加拿大鮑爾公司（Power Corporation of Canada）	第二章
普里茲克家族（Pritzker family）	第三章
PT Global Mediacom Tbk （原名畢曼特拉集團，PT Bimantara Citra Tbk）	第二章
巴厘托太平洋木材公司（PT. Barito Pacific Tbk）	第二章
拉菲克・哈裡裡（Rafic Baha El Deen Al Hariri）	第二章
印度瑞來斯實業公司（Reliance Industries Limited）	第三章
羅伯特博世有限公司（Robert Bosch GmbH）	第五章
三林集團（Salim Group）	第二章
三星電子（Samsung Electronics Co., Ltd.）	第五章
三一重工（SANY Heavy Industry Co., Ltd.）	第四章
西門子公司（Siemens AG）	第二章
西爾維奧・貝盧斯科尼（Silvio Berlusconi）	第二章
索爾維集團（Solvay S.A.）	第三章

何鴻燊家族（Stanley Ho Hung Sun Family）	第三章
新鴻基地產集團（Sun Hung Kai Properties Ltd.）	第五章
鈴木汽車公司（Suzuki Motor Corporation）	第一章
豪雅表（TAG Heuer S.A.）	第四、五章
塔塔有限公司（Tata Sons Limited）	第一章
香港電視廣播有限公司（Television Broadcasts Limited, TVB）	第七章
塔克辛關聯企業（'Thaksin Connected' (TC) firms）	第二章
詩閣（Ascott Chang）	第四章
樂高集團（The Lego Group）	第三章
三菱集團（The Mitsubishi Group）	第五章
摩森啤酒（The Molson Brewery）	第五章
華特迪士尼公司（The Walt Disney Company）	第八章
Thiercelin	第四、五、六章
蒂森股份公司（Thyssen AG）	第五章
虎屋株式會社（Toraya Confectionery Co. Ltd.）	第一章
豐田汽車公司（Toyota Motor Corporation）	第一、二、三、四、五、七、八章
董建華（Tung Chee Hwa）	第二章
太空玩具有限公司（Tyco Toys）	第八章
荷蘭亨克集團（Van Eeghen Group）	第一、五章
維克多．平丘克（Victor Pinchuk）	第二章
沃爾丁堡木材廠（Vordingborg Lumber Yard）	第三章
瓦倫堡家族（Wallenberg family）	第五章
沃爾瑪超市（Wal-Mart Stores, Inc.）	第五、八章
文德爾家族（Wendel Family）	第一、三、五、六、七章
永亨銀行（Wing Hang Bank Limited）	第三章
世界通訊公司（Worldcom）	第八章
施樂公司（Xerox Corporation Ltd.）	第八章
陽江十八子集團（Yangjiang Shi-ba-zi Group）	第二章
尤利婭．季莫申科（Yulia Tymoshenko）	第二章
鏞記控股公司（Yung Kee Holdings Ltd）	第五章
浙江龍盛集團股份有限公司（Zhejiang Longsheng Group Co., Ltd.）	第四章

新商業周刊叢書BW0582

接班人計畫

決定家族企業未來20年最重要的生存之鑰

國家圖書館出版品預行編目（CIP）資料

接班人計畫：決定家族企業未來20年最重要的生存之鑰／范博宏、莫頓·班奈德森著. -- 初版. -- 臺北市：商周出版：家庭傳媒城邦分公司發行, 民104.09
面； 公分
譯自：The family business map
ISBN 978-986-272-873-4（平裝）
1. 家族企業 2. 企業管理
494 104016710

原 書 名／The family business map
作 者／范博宏、莫頓·班奈德森
責任編輯／簡伯儒
版 權／黃淑敏
行銷業務／張倚禎、石一志

總 編 輯／陳美靜
總 經 理／彭之琬
發 行 人／何飛鵬
法律顧問／元禾法律事務所 王子文律師
出 版／商周出版
臺北市104民生東路二段141號9樓
電話：(02) 2500-7008 傳真：(02) 2500-7759
E-mail: bwp.service @ cite.com.tw
發 行／英屬蓋曼群島商家庭傳媒股份有限公司 城邦分公司
臺北市104民生東路二段141號2樓
讀者服務專線：0800-020-299 24小時傳真服務：(02) 2517-0999
讀者服務信箱E-mail: cs@cite.com.tw
劃撥帳號：19833503 戶名：英屬蓋曼群島商家庭傳媒股份有限公司城邦分公司
訂購服務／書虫股份有限公司客服專線：(02) 2500-7718；2500-7719
服務時間：週一至週五上午09:30-12:00；下午13:30-17:00
24小時傳真專線：(02) 2500-1990；2500-1991
劃撥帳號：19863813 戶名：書虫股份有限公司
E-mail: service@readingclub.com.tw
香港發行所／城邦（香港）出版集團有限公司
香港灣仔駱克道193號東超商業中心1樓
E-mail: hkcite@biznetvigator.com
電話：(852) 25086231 傳真：(852) 25789337
馬新發行所／城邦（馬新）出版集團
Cite (M) Sdn. Bhd.
41, Jalan Radin Anum, Bandar Baru Sri Petaling, 57000 Kuala Lumpur, Malaysia.
電話：(603) 9057-8822 傳真：(603) 9057-6622 E-mail: cite@cite.com.my

封面構成／黃聖文
印 刷／韋懋實業有限公司
經 銷 商／聯合發行股份有限公司 地址：新北市231新店區寶橋路235巷6弄6號2樓
電話：(02)2917-8022 傳真：(02)2911-0053

■2015年9月15日 初版1刷
■2023年5月15日 初版5.6刷
Printed in Taiwan

本書譯稿由東方出版社、人民東方出版傳媒有限公司提供。

定價400元
ISBN 978-986-272-873-4

城邦讀書花園
www.cite.com.tw